Jalal S. Munasser

Lean Manufacturing: Como implementar os princípios Lean numa PME

Jalal S. Munasser

Lean Manufacturing: Como implementar os princípios Lean numa PME

ScienciaScripts

Imprint

Cover image: www.ingimage.com

This book is a translation from the original published under ISBN 978-3-659-86416-2.

Publisher:
Sciencia Scripts
is a trademark of
Dodo Books Indian Ocean Ltd. and OmniScriptum S.R.L publishing group

120 High Road, East Finchley, London, N2 9ED, United Kingdom
Str. Armeneasca 28/1, office 1, Chisinau MD-2012, Republic of Moldova, Europe
Managing Directors: Ieva Konstantinova, Victoria Ursu
info@omniscriptum.com

Printed at: see last page
ISBN: 978-620-8-52584-2

Conteúdo

Resumo

Nas últimas duas décadas, um número significativo de organizações viu-se obrigado a alterar os seus métodos e técnicas empresariais para poder acompanhar a concorrência. A filosofia Lean foi considerada como o melhor sistema de fabrico que permite aumentar a produtividade, a eficiência, a qualidade e a rapidez de entrega. O objetivo desta tese é saber como o princípio Lean pode ser implementado numa PME (Pequena e Média Empresa) para melhorar a produtividade e a eficiência de toda a organização. Também aborda as etapas da implementação Lean numa PME, seguidas dos factores críticos de sucesso e, em seguida, descreve em pormenor as barreiras que as PME podem enfrentar.

PME (Pequenas e médias empresas), o que significa que a empresa tem mais de 50 trabalhadores (pequena) e menos de 250 trabalhadores (média). As últimas estatísticas das PME do Reino Unido e das regiões em 2009, publicadas pelo BIS (2010), mostram que existem mais de 4,834 milhões de empresas no Reino Unido, 6% das quais pertencem à indústria transformadora, com cerca de 303 000 PME. A tese centrou-se numa das organizações de PME que foi selecionada (Evenort Ltd.).

A Evenort está a planear implementar os princípios Lean numa nova linha de produção de flanges acabados. Esta tese baseia-se num estudo de inquérito que ajuda a estudar o estado da organização antes de uma implementação Lean efectiva. Ajuda a determinar as necessidades da Evenort antes do arranque do projeto. O inquérito foi concebido através da utilização do Microsoft Word e estruturado através da fusão de estudos de outros autores. O inquérito foi analisado utilizando o software SPSS e o Microsoft Excel.

Além disso, esta tese depende da reformulação do mapeamento do processo, através da recolha de dados e da análise desses dados para ajudar a conceber a modelação da simulação. A modelação por simulação foi utilizada para avaliar o resultado do processo, a utilização, o tempo de espera e o número de pessoas em fila de espera antes e depois do Lean. Esta parte exigiu a utilização de software informático, como o Microsoft Excel, Microsoft e o software de simulação Arena. Depois disso, os resultados serão discutidos com base em algumas recomendações e conclusões.

Agradecimentos

Em primeiro lugar, gostaria de aproveitar esta oportunidade para agradecer ao Dr. David Clegg pelos conselhos, comentários úteis, orientação e apoio dados durante o período da dissertação.

Em seguida, gostaria também de manifestar o meu sincero apreço aos meus pais, irmãs e irmãos pelo seu apoio moral e encorajamento durante o percurso dos estudos.

Um agradecimento especial aos funcionários da Evenort Ltd. pelo seu apoio e participação na minha tese, em especial ao Sr. Lee Chunjun, que sempre me deu todo o apoio para levar esta dissertação até ao fim.

Por último e não menos importante, um agradecimento especial ao meu verdadeiro amigo que esteve ao meu lado durante toda a dissertação.

Capítulo 1

1. Introdução:

Evenort Ltd. A empresa estabeleceu-se em Dinnington, Sheffield, em 1982, como um parceiro fiável no processamento de aço inoxidável. A Evenort Ltd. A Evenort Ltd. é uma pequena empresa de fabrico de "Pequenas e Médias Empresas", cuja proposta é fornecer produtos de flange de elevado valor, tipicamente flanges, produzidos no prazo de vinte e quatro horas após a encomenda, com os mais elevados padrões de qualidade e fabricados a partir de ligas adequadas ao ambiente, seja ele ácido ou azedo. Os principais processos de fabrico da Evenort são a fresagem, a perfuração e o torneamento, utilizando máquinas manuais, automáticas ou totalmente automáticas, como as máquinas CNC "Computer Numerically Controlled". Os produtos da Evenort são frequentemente utilizados nas indústrias do petróleo e do gás. A Evenort também acredita em si própria, uma vez que a sua abordagem é "Can Do - Will Do", combinada com uma cultura de serviço de melhor qualidade, que garante que a Evenort manterá o "Sucesso da Engenharia" (Fonte: Evenort Ltd. Company Official website, About Evenort).

A organização está a implementar as técnicas do princípio Lean para uma nova linha de produção. A Evenort está a planear transferir os outros processos (montagem e ensaio de pressão) do seu cliente Parker Hannifin Ltd. para a sua área de produção avançada na fábrica, uma vez que a Evenort é o produtor dos principais processos da linha de produção (ver anexo 3). A Evenort fornece à Parker Hannifin Ltd. flanges maquinadas e componentes de encaixe, principalmente em aço inoxidável 304 e 316, com a forma típica da peça mostrada na figura (1). A Parker Ltd. prosseguiu o processo montando manualmente os componentes/peças e o dispositivo eletrónico na peça de flange maquinada por um operador. A fase seguinte do processo consiste nos testes automáticos de pressão, que efectuam o teste de estanquidade do produto para verificar se é um produto adequado para as fábricas e indústrias de petróleo e gás. O processo de limpeza e embalagem é a última fase a ser efectuada para o envio ao cliente da Parker. Este mapa de processos será descrito com mais pormenor no presente trabalho.

Figura 1: Exemplo de um produto flangeado maquinado - classes de aço inoxidável. (Fonte: Evenort Ltd., 2011)

A Evenort e a Parker decidiram transferir os processos de montagem e de ensaio de pressão para a área de fabrico da Evenort, a fim de disporem de uma linha de produção totalmente rotativa e de obterem um número significativo de vantagens. Essas vantagens, tais como a poupança dos custos de transporte e de embalagem a longo prazo, conduzirão a um aumento dos lucros e da velocidade de entrega para ambas as organizações. Além disso, o tempo de espera "prazo de entrega total" será reduzido, a produtividade e a eficiência das máquinas e da mão de obra serão melhoradas e a duplicação de trabalho será eliminada, o que trará mais benefícios para as empresas Evenort e Parker e aumentará a satisfação dos seus clientes. A Evenort sugeriu que esta nova linha de produção fosse reconhecida e totalmente estabelecida pela filosofia do princípio Lean; como resultado, tomaram a decisão de começar a preparar a área de produção avançada para esta nova produção Lean, tendo em conta os princípios da filosofia Lean para alcançar os benefícios mencionados anteriormente e também para atingir o seu objetivo de transferir os processos de casal para a Evenort.

No século XIX, a Produção em Massa surgiu com a Revolução Industrial (1770 - 1800), onde foi dominada a alta eficiência da produção neste século, como era conhecido o Sistema Americano de Manufatura "O Padrão de Industrialização" (Duguay, C., et al., 1997). Três caraterísticas básicas foram apresentadas durante esse período: "divisão do trabalho, peças intercambiáveis e mecanização". A produção em massa é definida por Sabel, C., e Zeitlin, J. (1985) como o agrupamento de mão de obra não qualificada e de máquinas de utilização única para produzir bens normalizados.

Nos últimos 20 anos, muitas organizações necessitaram de implementar novas metodologias e técnicas para aumentar a eficácia, a rapidez e a flexibilidade dos processos. Duguay, C., et al., (1997) mencionaram o crescimento dos mercados que exigiam a satisfação dos clientes. As suas exigências obrigaram muitas organizações a alterar o sistema de gestão e, em particular, o seu sistema de produção e fabrico através de uma nova tecnologia e metodologia que pode aumentar a produtividade, a eficiência, a boa qualidade e a entrega. O sistema de produção em massa tem sido limitado para dar mais técnicas e ajudar essas organizações, devido à incapacidade de separar diferentes tipos de encomendas "grandes lotes", muitos custos de produção "desperdícios ocultos" e longos tempos de processos de produção (Sabel e Zeitlin, 1985).

Por conseguinte, os princípios Lean foram criados para resolver todos esses problemas e atingir os objectivos das organizações e a satisfação dos clientes (Pingyu, Y., e Yu, Y., 2010 e Hines, P., et al.,2004). De acordo com Dankbaar, B., (1997) é expetável que o princípio Lean domine a produção no século XXI. Singh, B., et al. (2009) assumiram que "uma indústria precisa de ser suficientemente flexível para mudar rapidamente as suas estratégias de modo a ir ao encontro das expectativas dos clientes e reduzir o preço do seu produto, mas ao mesmo tempo as empresas precisam de ter cuidado para não comprometer a qualidade do produto e isto só é possível quando seguem os princípios Lean".

Um número significativo de empresas está a implementar os princípios e conceitos Lean nas suas organizações com o objetivo de alcançar uma melhoria competitiva superior à das outras empresas.

Gurumurthy, A., e Kodali, R., (2011) mencionaram a investigação de muitos autores no seu artigo *"Design of Lean manufacturing systems using value stream mapping with simulation-A case study"*; por exemplo, Dunstan et al. (2006) estudaram a implementação do Lean numa organização e verificaram que a saúde e a segurança reduziram os incidentes relacionados para 67 de 154, e "o absentismo foi reduzido em 3,4-1,8 por cento, enquanto cerca de $2 milhões (australianos) foram poupados durante o ano de 2006". No entanto, Bamber, L., e Dale, B., (2000) falaram sobre a implementação de métodos Lean numa organização aeroespacial; verificaram que o conceito de Lean não foi compreendido pelos empregados da sua organização e pelo programa de desemprego.

Por outro lado, muitas organizações estão à espera de obter as vantagens da implementação do Lean logo após a sua implementação. Essas organizações pensam que não conseguirão obter melhorias contínuas se dependerem do seu relatório inicial. A razão é claramente que um número significativo de gestores individuais e organizações não compreendem totalmente o princípio da implementação Lean; como resultado, este tipo de empresas falhará no seu projeto de implementação Lean e não obterá todos os benefícios da implementação Lean na sua organização (Gurumurthy, A., e Kodali, R., 2011).

O objetivo desta tese é apresentar os métodos de implementação do Lean nas organizações de PME e os benefícios da utilização desta filosofia. A Evenort Lda. foi selecionada como um exemplo de implementação do Lean na sua nova linha de produção, que deverá ser criada desde que ocorram os movimentos dos processos e equipamentos (da Parker Hannifin (UK) Ltd. para a Evenort Ltd.). Para além disso, a tese descreverá a forma de implementar com sucesso o princípio Lean nas organizações de PME. Além disso, a tese irá considerar o fator crítico de sucesso e a mudança cultural para alcançar o sucesso da implementação do princípio Lean em qualquer organização de PME. As barreiras e os desafios que as organizações de PME podem enfrentar durante a sua implementação também serão incluídos. A modelação de simulação foi utilizada nesta tese para medir os benefícios da utilização do princípio Lean, que empreendeu os processos da situação atual na Evenort ltd. para o produto específico que produz para a Parker ltd. A metodologia de inquérito também foi selecionada para examinar a consciência da utilização da filosofia Lean e da sua ferramenta. Além disso, é utilizada para determinar os factores críticos de sucesso e os pontos fracos (Gap) da implementação do Lean na Evenort.

No entanto, esta tese apresentará a revisão da literatura no capítulo dois, que trata da breve história do Lean e da sua definição, benefícios e objetivo. Para além disso, as ferramentas Lean serão descritas de forma sucinta. Além disso, no segundo capítulo, serão abordados estudos de caso de organizações de diferentes sectores industriais, com o objetivo de compreender as diferentes ferramentas, os resultados alcançados e em que medida a Evenort pode tirar partido desses estudos de caso. Além disso, as estratégias de implementação Lean serão descritas em diferentes pontos, tais como: a implementação dos princípios Lean, as barreiras à implementação e os factores críticos de sucesso, que devem ser descritos para evitar o fracasso da implementação Lean na organização das PME. Além disso, o capítulo três apresentará as metodologias que foram utilizadas nesta tese, do mesmo modo que serão explicados os seus objectivos e vantagens. Além disso, os resultados e as discussões da investigação metodológica serão discutidos no capítulo quatro. As recomendações serão abordadas no capítulo cinco. Finalmente, o capítulo 6 termina com a conclusão. As referências e os apêndices serão abordados nos capítulos sete e oito, respetivamente.

Capítulo 2

2. Revisão da literatura:

A operação Lean ou, como é designada, a produção Lean "É também conhecida como Sistema de Produção Toyota ou produção just-in-time" foi criada a partir do Sistema de Produção Toyota (SPT), que tem sido utilizado para eliminar o desperdício entre os processos e alcançar a satisfação do cliente (Rose, A., et al., 2011). O termo fabrico/produção Lean foi utilizado pela primeira vez por James Womack, Daniel Jones e Daniel Roos (1990) no seu livro (o primeiro livro sobre Lean) *"The Machine that Changed the World" (A Máquina que Mudou o Mundo)*, pois afirmavam que o fabrico Lean explica a profunda revolução iniciada pela Toyota contra um sistema de produção em massa. A definição de Lean, os benefícios do Lean, as ferramentas Lean e os benefícios das ferramentas serão explicados na secção seguinte.

2.1 O que é Lean

Womack, J. e Jones, D. (1996) descreveram que a produção enxuta não é apenas uma técnica, mas um tipo de pensamento que pode garantir uma melhoria contínua das operações para criar uma cultura dentro da organização (Taj, S., 2008). Pingyu e Yu (2010) afirmaram que a eliminação das etapas que não acrescentam valor aos processos e o alinhamento das etapas necessárias em fluxo contínuo, bem como a reengenharia do trabalho em equipas multifuncionais, levam as empresas a alcançar uma maior eficiência e produtividade, utilizando menos esforço dos trabalhadores, ferramentas, tempo, investimento e espaço. Na década de 1960, o Lean era conhecido como um conjunto de metodologias, processos de negócio e técnicas que conduzem à capacidade de implementar o Lean na organização (Rose, A., et al., 2011). Desde a criação do primeiro livro (acima referido), foi concebido e criado um número significativo de práticas e teorias de sistemas de produção (Katayama, H., e Bennett, D., 1996). Taj, S., (2005) definiu o Lean como um sistema de fabrico sem desperdícios, enquanto outros autores definiram o Lean como um sistema de produção que se concentra na eliminação de desperdícios, ao mesmo tempo que alcança uma melhoria contínua na produção de alta qualidade (Rose, A., et al., 2011).

O Lean Manufacturing é uma metodologia ou filosofia que deve ser implementada para obter benefícios e resolver problemas dentro da organização. Bhasin, S., (2008) citou alguns autores na sua revista *"Lean and performance measurement"* que os apoiantes do Lean descreveram os benefícios que incluem a diminuição do tempo de ciclo e dos tempos de espera no processo; menor WIP e custos, aumento da flexibilidade da produção, criação de um melhor serviço ao cliente e tempo de resposta para o cliente, melhoria da qualidade do produto/serviço, receitas e eficiência em toda a organização e aumento do lucro da organização. A figura (2) mostra os elementos essenciais da produção enxuta, começando com menos recursos, como menos tempo de preparação da máquina, menos material, pequeno número de peças e operações de produção mais curtas. Simultaneamente, devem ser alcançados resultados de alto desempenho com a operação

Lean; por exemplo, alta qualidade do produto/serviço e especificações técnicas elevadas. Por conseguinte, a satisfação do cliente (utilizador final) aumentará, o que, por sua vez, levará a organização a alargar a sua quota de mercado e a obter mais oportunidades do que outros concorrentes (Katayama, H., e Bennett, D., 1996).

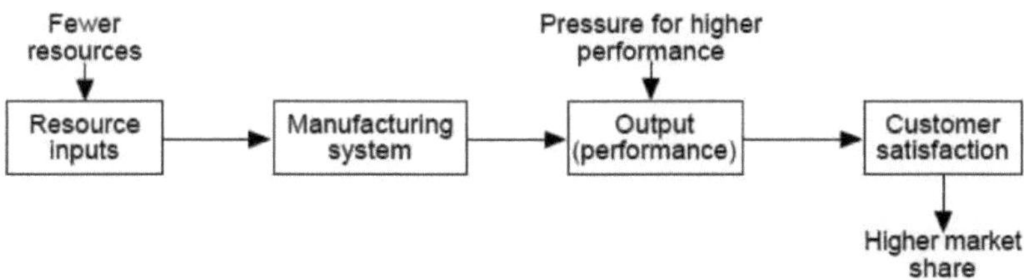

Figura 2: Elementos essenciais da produção Lean (Fonte: Katayama, H., e Bennett, D., 1996).

Reeb, J., e Leavengood, S., (2010) mencionaram que o objetivo do princípio Lean é ligar todos os processos, o que eliminou os inventários WIP e ocorreu o One-SingleFlow. As várias caraterísticas do Lean que foram representadas por Womack et al., em (1990) incluem: O Lean tem como objetivo a melhoria contínua de qualquer organização, uma vez que é impulsionado pela sistematização de práticas e princípios de topo que conduzem à mudança de processos. Além disso, o Lean diz respeito a todos os processos da organização, desde a mão de obra no chão de fábrica até à gestão de topo e o mesmo acontece desde o fornecedor até ao cliente final. Krajewski, L., et al., (2009) também forneceram as caraterísticas do sistema Lean quando assumiram que os sistemas Lean "são sistemas operacionais que maximizam o valor acrescentado por cada uma das actividades de uma empresa, eliminando recursos e atrasos desnecessários". Para além disso, estas caraterísticas podem ser resumidas como o método de fluxo de materiais, pequenos lotes, cargas uniformes nos postos de trabalho, componentes e métodos de trabalho normalizados, força de trabalho flexível, fluxos de linha, menos espaço e material, automação e manutenção preventiva (Krajewski, L., et al., 2009).

Womack, J. e Roos, D., (1996) apoiaram as caraterísticas Lean descrevendo os cinco princípios Lean (ver Figura 3), que incluem, em primeiro lugar, o Valor, que define o produto que o cliente compra. É conhecido no Lean como as actividades necessárias para realizar os processos de produção do produto final e entregá-lo ao cliente. Em segundo lugar, o mapeamento do fluxo de valor contém as etapas dos processos, desde a entrada até à saída final, concebidas para satisfazer os requisitos e a satisfação dos clientes. Em terceiro lugar, o fluxo, que representa a eficiência de todo o processo que transformou o input no output final, cujo objetivo é manter um fluxo contínuo sem a ocorrência de estrangulamentos: O passo numa linha de processo que limita o rendimento de toda a linha de processo" (Womack e Roos, 1996). Pull é o quarto princípio do Lean, que é explicado da seguinte forma: as organizações de produção estabelecem inventários e os clientes trazem inventários (será explicado na próxima secção). Por último, o princípio da Perfeição, em que "as melhorias na identificação do valor, na análise e no fluxo do fluxo de valor e no produto/serviço obtido podem ser sentidas e vistas a todos os níveis da organização" (Womack, J. e Roos, D., 1996).

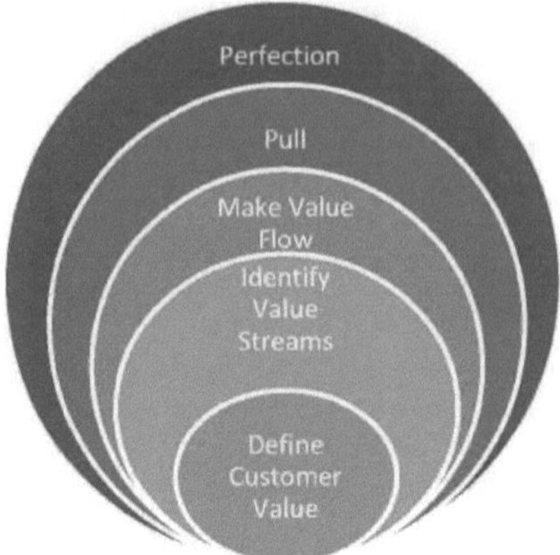

Figura 3: Cinco princípios do Lean

2.2 Ferramentas Lean

Cada organização é diferente e estas diferenças exigem técnicas e ferramentas especiais para que os princípios Lean possam ser implementados em cada organização (Lee, Q., 2003). De acordo com Worley, J. e Doolen, T. (2006), o conceito Lean é "... pensado como um conjunto de ferramentas que podem ser implementadas em qualquer lugar e em qualquer altura". A casa Lean foi descrita por Lonnie Wilson (2010) para representar as principais ferramentas Lean que podem ser utilizadas durante a implementação Lean (ver Anexo 1-A).

As ferramentas e técnicas Lean dependem do tipo de conhecimento que a organização vai implementar no seu projeto. Turban et al., (2008) definiram a gestão do conhecimento como um processo que ajuda as organizações a identificar, selecionar, organizar, divulgar e transferir informações e conhecimentos importantes. As ferramentas Lean têm dois tipos de gestão do conhecimento, que incluem o conhecimento explícito e o conhecimento tácito, que devem ser descritos e identificados para serem utilizados (Herron, C., e Hicks, C., 2007).

O conhecimento explícito pode ser documentado e utilizado principalmente para as ferramentas e técnicas de gestão da qualidade. Trata-se de um conhecimento que pode ser transformado e distribuído a outras pessoas ou processos sem necessidade de interação interpessoal (Awad, E., e Ghaziri, H., 2007). A gestão da qualidade total (TQM) oferece um número significativo de ferramentas e técnicas, tais como a análise dos efeitos dos modos de falha (FEMA), o controlo estatístico do processo (SPC), a troca de moldes num único minuto (SMED), o desenvolvimento da função qualidade (QFD) e os 5 "porquês" (5whys), que são técnicas e ferramentas que visam a melhoria contínua e a resolução de problemas e não apenas a nível da fábrica (Motwani, J., 2003). Estes tipos de técnicas podem proporcionar uma implementação Lean muito bem documentada e mais fácil de utilizar (Herron, C., e Hicks, C., 2007).

No entanto, o conhecimento tácito, que foi descrito por Awad e Ghaziri (2007), assume que "...está no domínio da aprendizagem subjectiva e experimental, é altamente pessoal e difícil de formalizar". Acrescentaram ainda que "o conhecimento tácito é referido como conhecimento incorporado, uma vez que está normalmente localizado no cérebro de um indivíduo ou incorporado nas interações de grupo dentro de um departamento ou unidade empresarial". O outro tipo de ferramentas e técnicas é conhecido como ferramentas operacionais que requerem um conhecimento tácito para apoiar a sua implementação. Estas ferramentas e técnicas podem ser descritas como Kanban "Pull System", (5S) Five S, (7 wastes) Toyota Seven Wastes, (One Piece Flow) Single Piece Flow, Standardised working, Visual Management, Poka-Yoke, (VSM) Value Stream Mapping (Herron, C., and Hicks, C., 2007).

Lonnie Wilson, (2010) definiu a filosofia Lean como "um conjunto abrangente de técnicas que, quando combinadas e amadurecidas, permitirão reduzir e depois eliminar os sete desperdícios". Através deste sistema, a empresa pode tornar-se mais flexível e acessível, reduzindo o desperdício (Wilson, L., 2010). O principal objetivo do Lean é eliminar o desperdício de tempo entre os processos, tal como Taj, S., (2008) afirmou que Lean significa "fabrico sem desperdício". No artigo intitulado *"Learning to Evolve - A review of contemporary Lean thinking"* de Hines, P., et al. (2004), estes assumem que "a abordagem de conceção da gestão de operações Lean centra-se na eliminação de desperdícios e excessos dos fluxos tácticos de produtos". Womack e Jones (1996) descreveram o pensamento Lean como "o antídoto" para *"MUDA"*, em que MUDA é a palavra japonesa para desperdício ou, especificamente, para a atividade que não acrescenta valor ao processo (Kippenberger, T, 1997). O desperdício é qualquer coisa que não seja a quantidade mínima de equipamento, materiais, peças e tempo de trabalho essenciais para a produção (Rose, A., et al., 2011).

Os sete tipos de resíduos definidos por "Taiichi Ohno" incluem resíduos de sobreprodução, tempo de espera, transporte, inventário, processamento de "sobrecarga", movimento e resíduos de bens defeituosos (Taj, S., 2008). Ao identificar os desperdícios e ao compreender o valor não acrescentado e a eliminação dos desperdícios, obtém-se um número significativo de benefícios; por exemplo, produzir apenas o que é necessário; transportar apenas o stock essencial; utilizar o transporte de forma mais sensata; produzir trabalho de acordo com o padrão exigido; planear os nossos processos de produção; utilizar os nossos esforços da melhor forma possível; e formar para fazer sempre um trabalho de qualidade (Sullivan, W., et al., 2002).

Uma vez que as organizações eliminaram os desperdícios durante a sua implementação através da técnica dos sete desperdícios, foram capazes de voltar a reconhecer dentro da organização; particularmente, o chão de fábrica. Isso exigiu a implementação de uma nova técnica na organização; assim, o 5S foi estabelecido.

A abordagem 5S ou "metodologia 6S" é um conjunto de técnicas que começam com a letra "S" e foi criada por palavras japonesas "ver Apêndice 1-B". Os 5S incluem elementos a implementar na organização e a atingir os objectivos da abordagem; esses elementos incluem Ordenar (Separar) "Separar o necessário do não necessário", Endireitar (Colocar em ordem) "Colocar um lugar para tudo", Brilhar, Padronizar "Construir em rotinas aceites", Sustentar "Disciplina para garantir a manutenção", e o 6S final que é a Segurança "verificar os perigos e defeitos" (Fillingham, D., 2007). Todos eles são utilizados para desenvolver o funcionamento dos trabalhos de chão de fábrica na produção ou na organização, o que ajuda a implementação Lean e o controlo visual (Wilson, L., 2010).

A gestão visual é uma técnica que consiste em colocar o material, a informação e as ferramentas em estado normal e representá-los através de ferramentas ou sinais simples que, por sua vez, ajudam a compreender o estado do produto ou dos processos (Wilson, L., 2010). No entanto, o fluxo de peça única ou, como é designado, fluxo de peça única contém "processos de alinhamento sequencial", pelo que os produtos são produzidos de uma só vez e não em lotes. O fluxo de peça única reduz o tempo de espera, o custo do inventário e os erros, o que leva a um aumento da produção e da produtividade do processo. A técnica de fluxo de peça única pode ser difícil de alcançar para as organizações de fabrico; assim, essas organizações convertem-se para aplicar a técnica Kanban para controlar a quantidade de inventário no seu sistema (Reeb, J., e Leavengood, S., 2010).

O sistema Kanban (palavra japonesa que significa cartão de sinalização) é uma ferramenta/técnica para converter o sistema Push (produção em massa) num sistema Pull. O sistema Kanban é uma ferramenta de melhoria contínua que é utilizada para controlar as existências, reduzir a sobreprodução e facilitar o fluxo, utilizando cartões nos produtos acabados que descrevem os pormenores do produto, tais como a quantidade, a data de fabrico, o tamanho do lote, o local de armazenamento e outras informações sobre o produto. O Kanban é utilizado para unir os processos de desconexão e ter conhecimento da conta de inventário no sistema, tal como Wilson L., (2010) assumiu "ao controlar o número de cartões Kanban, controlamos o inventário" (Wilson, 2010 e Reeb e Leavengood, 2010).

O sistema Pull é um dos sistemas de produção que foram concebidos para diminuir a sobreprodução (Wilson, L., 2010). Womack e Roos, (1996) assumiram que o conceito de sistema Pull é "ser construído até e a menos que seja puxado pelo cliente a jusante. E o cliente final deve ser o condutor do fluxo de valor". Resumidamente, o sistema pull deve criar um sinal para iniciar a produção, o que leva à eliminação do tempo entre os processos (Wilson, L., 2010). Além disso, as vantagens da utilização deste sistema são eliminadas, o aumento do rendimento com um serviço rápido ao utilizador final, a redução dos inventários de trabalho em curso e a diminuição do retrabalho e do refugo (Lian, Y., e Landeghem, H., 2002). O sistema pull tem duas caraterísticas que incluem: ter um volume máximo de inventário; causa de, usando o sistema Kanban. Em segundo lugar, a produção só é iniciada por um sinal do cliente e é interrompida quando o cartão

Kanban é anexado aos produtos acabados no armazém (Wilson, 2010).

No entanto, o mapeamento do fluxo de valor (VSM), definido por Tapping, D., et al., (2002), diz que "todas as actividades específicas que ocorrem ao longo de um fluxo de valor para um produto ou família". As fases de modelação do VSM começam por escolher um determinado produto/família de produtos que precisa de ser melhorado. Em seguida, é necessário criar o estado atual de todo o processo para ver como as coisas estão a ser feitas; isto leva à identificação dos pontos fracos e do desperdício de tempo durante o processo. A terceira fase consiste em desenhar o mapa do estado futuro com uma visão geral do desenvolvimento dos pontos fracos e eliminar o desperdício de tempo (Abdulmalek, F., e Rajgopal, J., 2007). O VSM ajuda a eliminar o desperdício, bem como a melhorar o estado futuro eficiente, as rotas de produção, a qualidade e a flexibilidade (Tapping, D., et al., 2002). Além disso, ajuda a melhorar o processo empresarial e a obter melhorias na produtividade e na eficiência (Abdulmalek e Rajgopal, 2007).

(SW) Standard Work para o conceito Lean indica o conjunto de ferramentas que se seguem umas às outras em cada etapa do processo de fabrico, com o tempo de ciclo para cada etapa de cada processo. Assim, o supervisor, o operário, o engenheiro e até mesmo o gestor podem avaliar o desempenho dos processos e ajudar na sua melhoria (Wilson, L., 2010). Manutenção Preventiva Total (TPM) os funcionários realizam a manutenção regular do equipamento para descobrir qualquer anomalia. O conceito principal da TPM é ser preventiva, ou seja, evitar que o equipamento se avarie. Os operadores são responsáveis pela manutenção e pelo acompanhamento das actividades para evitar a ocorrência de avarias, uma vez que estão mais próximos das máquinas (Abdulmalek, F., e Rajgopal, J., 2007).

O Poka-Yoke é uma técnica destinada a evitar erros humanos que possam ocorrer no processo ou em qualquer trabalho. Tem três funções principais para evitar defeitos: aviso, controlo e encerramento. O Poka-Yoke ajuda a poupar tempo e a libertar a mente dos trabalhadores de estarem ocupados a resolver problemas e erros, pelo que poderão proporcionar produtividade, inovação e aumentar o seu valor (Dudek-Burlikowska, M., 2009). No entanto, a ferramenta dos cinco porquês (5-whys) foi definida pelo sistema de produção da Toyota. Atualmente, é utilizada pela implementação do princípio Lean como método para resolver os problemas. O método dos "5 porquês" consiste em utilizar os trabalhadores como uma ferramenta que lhes permite continuar a perguntar "porquê" para encontrar a causa e o efeito da relação ocorrida e perceber como é que o problema surgiu. É necessário um elevado nível de experiência e conhecimento para atingir o objetivo deste método. (Wilson, L., 2010).

SMED é a sigla de Single Minute Exchange of Dies e é uma técnica de redução utilizada para ser implementada na máquina, o que ajuda a acelerar a introdução de melhorias no processo de fabrico e a diminuir o longo tempo de troca de máquinas e de preparação em 90 por cento (Sharma, U., 2003). Dan Trietsch (1992) assumiu que "o SMED é um método introduzido por Shigeo Shingo para reduzir os tempos de preparação de horas para minutos", e acrescentou que o SMED foi desenvolvido para o fabrico repetitivo e que a área mais vantajosa para a sua implementação é a das máquinas que têm configurações recorrentes.

O controlo estatístico do processo (SPC) é uma ferramenta para reduzir a variabilidade e ajudar a melhorar o processo. Trata-se de utilizar técnicas estatísticas, tais como gráficos de controlo, para analisar um processo ou os seus resultados e para representar uma ação destinada a melhorar a capacidade do processo (Oakland, 1990). Udit Sharma (2003) afirmou que Mikel Harry (que desenvolveu o Seis Sigma no final da década de 1980) utilizou as ferramentas estatísticas para determinar os problemas no contexto da produção, determinar as causas profundas desses problemas, encontrar soluções para os mesmos e desenvolvê-las e, por fim, estabelecer controlos estatísticos do processo (SPC) a fim de evitar que o problema voltasse a ocorrer. O QFD e a FMEA são duas ferramentas importantes a utilizar na implementação do Lean na Evenort. QFD significa Quality Function Deployment e é utilizado para comparar as propostas dos fornecedores através de uma classificação para as decisões relativas à seleção do seu fornecedor.

Em segundo lugar, FMEA significa Failure Mode and Effects Analysis (Análise dos Modos de Falha e dos Efeitos) ou, como é conhecido, Fishbone Figure (Figura em Espinha de Peixe), que é utilizada para definir e analisar cada etapa do processo (Delgado, C., et al., 2010).

2.3 . Estudos de caso

Os princípios do sistema de produção Lean têm sido aplicados em vários sectores, como os cuidados de saúde, as telecomunicações, os produtos farmacêuticos, os bancos, a contabilidade, a administração pública e a logística. Womack e Jones (1996) descreveram como os princípios subjacentes a uma abordagem do tipo Toyota podem ser aplicados a qualquer forma de trabalho. Agora, a tese representará indústrias diferentes, respetivamente, "Cuidados de saúde e indústrias transformadoras", onde se mostrará que o princípio Lean pode ser implementado em diferentes organizações, quer se trate da indústria transformadora ou de serviços. Os estudos de caso representarão exemplos de implementação do Lean, as estratégias seguidas aquando da implementação, quais as ferramentas e técnicas utilizadas, os benefícios alcançados com a implementação do Lean e as lições que podem ser retiradas desses estudos de caso.

2.3.1 A metodologia Lean no sector da saúde

"Pode o Lean salvar vidas?" é um artigo de David Fillingham (2007) que apresenta o facto de o Lean poder ser implementado nos cuidados de saúde no sector dos serviços. Ele discutiu que a produção Lean tem sido praticada no Bolton Hospitals NHS Trust no Reino Unido, a fim de reduzir a papelada, o tempo necessário para levar os pacientes para o campo e a moralidade; além disso, para alcançar melhorias na qualidade e produtividade. Este hospital lida com mais de 30 000 entradas de ambulâncias de emergência por ano. A maioria dos pacientes é idosa e tem problemas como doenças cardíacas, diabetes ou outras doenças crónicas. A mortalidade, a produtividade e a moral do hospital têm sido motivo de grande preocupação em Bolton. Em 2004, o hospital registava um défice financeiro crescente e problemas significativos com o tempo de espera para diagnósticos e muitos tratamentos. O problema era grave e era necessário tomar medidas urgentes.

Ao aplicar os princípios Lean de gestão de processos, fluxo e hospitais de tração, David Fillingham (2007) descreve as etapas do ciclo de melhoria do BICS (Bolton Improvement Care System) (ver Apêndice 2-A), uma a uma, para alcançar a melhoria. Estes elementos principais do sistema são apresentados no diagrama seguinte (ver Figura 4). O hospital de Bolton utilizou ferramentas Lean para começar a implementar o sistema Lean, como os RIEs (Rapid Improvement Events), que é o método fundamental para incorporar a mudança cultural e conseguir uma transformação cada vez melhor. A observação direta "Ohno Circle" é outra ferramenta e técnica dos princípios Lean que foi utilizada para compreender o valor. Além disso, a maioria dos hospitais é demasiado desorganizada, sendo difícil identificar os desperdícios; por conseguinte, foram utilizadas as técnicas Lean dos 5S e dos 7 desperdícios. Além disso, a Análise do Fluxo de Valor é um evento que identifica enormes desperdícios, erros e duplicações (Fillingham, D., 2007).

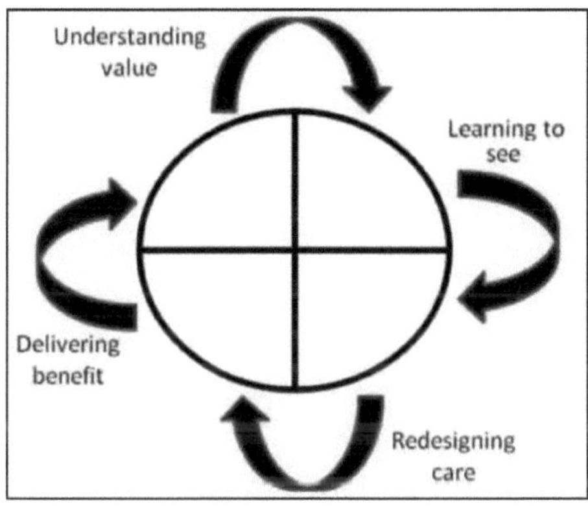

Figura 4: Ciclo de melhoria do BICS (Fonte: Fillingham, D., 2007).

Os resultados obtidos no Hospital Botlon foram surpreendentes para o pessoal e para a direção. A equipa conseguiu uma redução de 42% na burocracia, melhorou o trabalho da equipa multidisciplinar, reduziu em 38% o tempo necessário para levar os doentes para a sala de operações (fratura da anca), acelerou a recuperação e reduziu a procura na ala de reabilitação, reduziu em 33% o tempo total de permanência e reduziu em 36% a mortalidade. No caso de doentes simples, a diluição dos lotes, a colocação dos doentes em fluxo, a eliminação de etapas desnecessárias e de trabalho que não acrescenta valor, bem como a garantia de que o atendimento ao cliente é feito de forma a atingir a satisfação do cliente, conduzem a melhores resultados e produtividade através de taxas de infeção mais baixas, recuperação mais rápida e tempos de internamento mais curtos (Fillingham, D., 2007).

2.3.2 Implementar a metodologia Lean no sector da indústria transformadora

Andrew Thomas, Richard Barton e Chiamaka Chuke-Okafor (2009), na sua revista *"Applying Lean six sigma in a small engineering company - a model for change"*, explicaram o objetivo da utilização dos princípios Lean e acreditaram que o Lean proporciona a melhoria do processo na empresa, aumentando assim a eficiência e a produtividade do serviço e da operação na organização.

Thomas, A. et al. (2009), ao aplicarem os princípios Lean, mencionaram a maioria das técnicas e ferramentas de implementação Lean, tais como: implementação da técnica *5S*, aplicação do mapeamento do fluxo de valor (VSM), redesenho para eliminar os desperdícios e melhorar o fluxo de valor, redesenho do sistema de fabrico para alcançar o fluxo de peça única e aplicação da manutenção produtiva total (TPM) para apoiar as funções de fabrico. Além disso, a implementação da função de qualidade (QFD) e o controlo estatístico do processo (SPC) são utilizados para identificar o problema e a sua resolução.

Ao implementar o princípio das abordagens Lean, a organização conseguiu melhorar as medidas de qualidade, custo e entrega da empresa. A empresa conseguiu economizar mais de £35.000 para um gasto inicial de menos de £5.000 em custos experimentais e de projeto. Além disso, desenvolveu a cultura de pensar na melhoria contínua. Além disso, a organização familiarizou-se com as técnicas estatísticas e tornou-se mais técnica na sua abordagem para resolver o problema, a fim de melhorar as medidas de qualidade, custo e entrega da empresa (Thomas, A. et al., 2009).

2.3.3 Implementar a metodologia Lean na empresa australiana Trico (sector da indústria transformadora)

Amrik Sohal (1996) descreveu as experiências da empresa australiana Trico, que implementou com êxito o conceito de fabrico Lean no seu artigo "Developing a Lean production organization: an Australian case study". Os principais problemas da Trico Australian eram a baixa qualidade, o elevado nível de existências e, de um modo geral, um sistema de fabrico inflexível que demorava muito tempo a ser instalado. Como resultado, a equipa de projeto da Trico estabeleceu e começou a introduzir alterações na organização, incorporando o envolvimento dos trabalhadores e melhorias nos processos e nos produtos.

As principais alterações basearam-se na filosofia JIT (Just-In-Time) para diminuir o tempo de preparação, que era de sete horas para uma prensa e passou a ser inferior a quatro horas no espaço de um ano após a implementação do JIT. Para tal, foi necessário educar os empregados e envolvê-los na oficina de prensagem com várias actividades. Assim, no final do terceiro ano de aplicação da filosofia, o tempo de preparação da prensa foi reduzido para 15 minutos. Além disso, a Trico implementou o sistema Kanban de controlo da produção, sob a forma de diferentes contentores para diferentes componentes, o que levou à diminuição do fornecimento de WIP de três meses para um mês. Além disso, foi utilizado um sistema Andon para levar os operadores a preocuparem-se com os problemas de fabrico ou com a reorganização da área; por exemplo, má qualidade e falta de matérias-primas (Sohal, A., 1996). Por último, os quadros superiores da Trico assistiram a um seminário externo sobre (STS) Sistemas Sociotécnicos (ver Anexo 2-B)

Ao aplicar o princípio das abordagens Lean, a empresa desenvolveu produtos e reduziu o tempo de introdução de 12 meses para seis meses. Além disso, a introdução de 25 dos 30 novos produtos contra uma média histórica de dez produtos por ano. As equipas fazem a seleção e a instalação do equipamento. Por exemplo, o número de vinte funcionários que trabalham em três equipas na oficina de prensagem reconheceu a sua área de trabalho. Por exemplo, as equipas da oficina de prensagem (um total de 20 empregados que trabalham em três equipas) reorganizaram a sua área de trabalho e adquiriram uma nova estante (Sohal, A., 1996).

2.3.4 Lições a aprender

A Evenort pode aplicar as mesmas estratégias do Bolton Hospitals NHS Trust, uma vez que pode conceber as suas próprias estratégias (Descrição dos Ciclos de Melhoria dos BIC), compreendendo o valor através do ponto de vista dos seus clientes, através de entrevistas ou da realização de questionários, em que os clientes podem ajudar a identificar o valor acrescentado e a eliminar o valor não acrescentado como primeira fase. Aprender a ver a fase em que se verifica a presença de desperdícios no processo, utilizando as 7 ferramentas de desperdício e reorganizando as áreas através da utilização dos 5S. Em seguida, o processo é redesenhado em função da análise efectuada na primeira fase. A técnica de gestão visual também pode ser utilizada para colocar o material, a informação e a ferramenta no estado normal. A fase final liga o ciclo através da obtenção de benefícios que garantem que as mudanças que ocorrem na organização e a obtenção de benefícios estão a ser implementadas através do Lean.

A Evenort pode obter um número significativo de benefícios através da aplicação das técnicas do princípio Lean, que podem melhorar a qualidade, a velocidade de entrega e o lucro. Além disso, podem desenvolver a mudança de cultura relativamente ao Lean e à melhoria contínua. Evenort pode conseguir uma boa comunicação, uma vez que o diretor sénior da Trico Australian frequenta um curso externo para se envolver e ajudar a implementar a participação no princípio Lean com os trabalhadores no chão de fábrica. Isto permite à organização melhorar a partilha de informações entre os trabalhadores e a direção, aceitar a mudança de cultura, incentivar o pessoal a trabalhar arduamente neste tipo de projeto, aumentar o seu moral e ajudar a direção a compreender a necessidade de mudar o ambiente dos trabalhadores. Além disso, a Evenort pode desenvolver a técnica de análise de manutenção para identificar os problemas que podem ocorrer com os equipamentos e preveni-los antes que o problema aconteça.

2.4 Estratégia de implementação Lean

Os gestores de topo de muitas organizações esperam muito do Lean e também obter resultados positivos o mais rapidamente possível; no entanto, o Lean é um tipo de filosofia de que podem não estar à espera. Regularmente, os gestores de topo que esperam obter resultados não apoiam eficazmente este tipo de projeto (Sohal, A., 1996). Este tipo de barreiras que algumas organizações podem enfrentar durante a implementação do Lean, a fase/etapas de como implementar o Lean nas organizações de PME e os factores críticos de sucesso da implementação do Lean serão descritos nesta secção.

2.4.1 Como implementar o Lean Manufacturing

O projeto de implementação Lean deve seguir o sistema de gestão de projectos como qualquer outro projeto. Desta forma, garante-se o sucesso do mesmo para a organização e a concretização do seu objetivo (Hayes, B.J., 2000).

Os tempos de ação e a avaliação do projeto serão convertidos num plano de projeto Lean, utilizando o diagrama de Gantt (como instrução do projeto) documentado no trabalho de documentação do projeto (Wilson, L., 2010). As fases de implementação do fabrico Lean estão resumidas na Figura 5. A primeira fase consiste em garantir a adesão de todos os trabalhadores, formando-os e educando-os com formação adequada nos princípios do pensamento Lean. Delgado, C., et al., (2010) referem que a formação extensiva dos trabalhadores é necessária para o sucesso do projeto Lean. A empresa Evenort deve preocupar-se, nesta fase, em envolver todos os funcionários, formando-os e melhorando os seus conhecimentos e educação em matéria de Lean, o que os leva a ter a mesma atitude em relação ao projeto Lean.

A segunda fase é a revisão diagnóstica; aqui deve ser criada a equipa de projeto Lean, selecionando principalmente gestores de topo, gestores de projeto, gestores executivos, gestores de departamento e os colaboradores Lean. A equipa deve possuir competências elevadas, tais como saber medir e recolher dados com as ferramentas Lean, identificar corretamente os requisitos e o valor não acrescentado dos clientes e, finalmente, os processos que são críticos para a qualidade e mapear os processos (Achanga, P., et al., 2006).

Uma vez criada a equipa, esta tem de se aperceber do objetivo da organização e ter uma compreensão completa dos factores críticos de sucesso (FCS) da implementação Lean (que serão descritos neste capítulo). Nessa altura, a equipa do projeto Lean deve recolher as respostas e os dados através de reuniões de entrevista ou questionários aos trabalhadores. Em seguida, na fase piloto, a equipa do projeto Lean abordará os requisitos para que a organização esteja pronta para implementar o projeto do princípio Lean na organização.

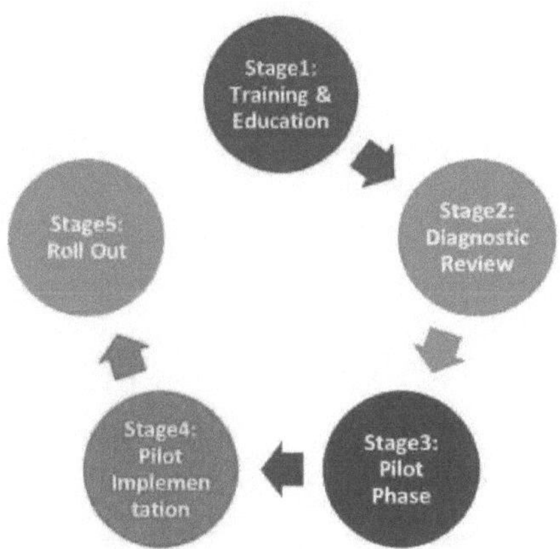

Figura 5: Fases da implementação Lean

No entanto, as entrevistas semi-estruturadas e a análise de inquéritos estão envolvidas na implementação do Lean e são utilizadas para compreender as caraterísticas do processo de implementação, os benefícios que podem ser alcançados, as principais dificuldades e desafios que podem ocorrer e os QCA da implementação do Lean nessa organização específica (o resultado do inquérito que a Evenort realizou será descrito nos capítulos 3 e 4) (Delgado, C., et al., 2010). Wilson, L., (2010) mencionou duas fontes para compilar o projeto Lean e recolher os dados para toda a organização: em primeiro lugar, avaliações da organização "em todo o sistema" e, em segundo lugar, "avaliações do fluxo de valor". Estes tipos de avaliação serão priorizados, compilados e conduzirão a itens de ação.

Ao fazê-lo, a equipa deve começar a dividir as tarefas do processo e a determinar as ferramentas Lean que devem ser utilizadas onde podem ser utilizadas. A fase final consiste em implementar os processos Lean e preparar a operação de implementação Lean na organização, efectuando ao mesmo tempo o cerco do ciclo para garantir que todas as fases estão prontas para serem implementadas.

2.4.2 Barreiras (desafios) à implementação do Lean Operation

Transformar qualquer organização do seu sistema de produção tradicional num sistema de produção Lean é um processo dinâmico e único para cada organização. Worley, J., e Doolen, T., (2006) apoiam este facto e afirmam que outras organizações podem enfrentar algumas dificuldades e desafios durante o percurso de implementação Lean. Teoricamente, a abordagem dos princípios Lean pode ser implementada em todas as organizações, quer se trate do sector dos serviços ou da produção. Os princípios Lean requerem dinheiro, tempo, esforço e empenhamento do pessoal da organização. As implementações dos princípios Lean alcançaram resultados de sucesso em várias organizações de grande dimensão; no entanto, várias organizações de pequena dimensão não atingiram o objetivo da implementação Lean e falharam (Rose, A., et al., 2011). Nesta secção, serão descritos os desafios e as barreiras que as organizações podem enfrentar durante a implementação Lean.

A aplicação da metodologia Lean pode não ser a mais fácil de seguir ou de apresentar através das suas abordagens, ferramentas e técnicas. De acordo com Denton, P., e Hodgson, A., (1997), a implementação Lean, como qualquer outra iniciativa de melhoria da produtividade, apresenta enormes dificuldades, em comparação com Safayeni et al. (1991), que descreveram as dificuldades na implementação de uma das muitas técnicas de fabrico Lean, conhecida como just-in-time, no seu *artigo "Difficulties of just-intime implementation: a classification scheme"*. Este problema pode intensificar-se devido à falta de compreensão, análise e medição das capacidades de criação de valor nas organizações, como o conceito Lean (Achanga, P., et al., 2006).

As organizações que planeiam comprometer-se com a implementação Lean enfrentarão um número significativo de barreiras para alterar os processos, as mentalidades e as atitudes dos trabalhadores dentro da empresa (Brown, K., 2007). Uma das barreiras mais importantes para a gestão de topo é a forma de conseguir que os trabalhadores de alta direção implementem efetivamente a mudança, que pode afetar negativamente a sua eficiência no trabalho a longo prazo. O Lean preocupa-se com a mudança e com a sua capacidade de dialogar com uma mentalidade diferente. A formação serve apenas para inserir o conhecimento das novas tecnologias e ferramentas que podem melhorar o trabalho, os funcionários que temem pelos seus empregos tendem a não ter motivação para este tipo de programas (Sim, K., e Rogers, J., e 2009). Existem três elementos principais que Khim L. Sim e John W. Rogers (2009) descreveram e que incluem um curso de formação atenta de uma semana para os funcionários de cada departamento, a lealdade, a competência e a participação de toda a organização. Para além disso, o programa de recompensas entre os trabalhadores pode dar mais incentivo e apoio para os deixar melhorar e desenvolver a sua experiência, o que leva a uma melhoria da eficiência e da produtividade dos processos (Sim, K., e Rogers, J., 2009).

A maioria das organizações de PMEs contrata pessoas com poucas competências e não se preocupa em melhorar essas competências e aumentar o conhecimento através da formação e da educação (Achanga, P. et al., 2006). A implementação Lean pode ser mais eficiente com uma força de trabalho com elevada antiguidade e fortemente sindicalizada. A maioria dos funcionários pode compreender que o Lean pode tornar a empresa mais eficiente e mais próxima dos requisitos do cliente, e não apenas uma filosofia para eliminar desperdícios e fazer gráficos e métricas extravagantes. No entanto, não acreditam que a gestão de topo tenha de ser envolvida apenas no momento em que existem problemas ou barreiras à implementação do Lean, devendo a gestão de topo ser envolvida desde o início do projeto (Sim, K., e Rogers, J., 2009).

Gurumurthy, A., e Kodali, R., (2011) mencionaram que a principal razão para os fracassos dos projectos Lean é a falta de compreensão por parte da gestão de topo relativamente à forma como o Lean pode ser implementado, como o Lean irá afetar o desempenho da organização e que mudanças e benefícios a organização pode obter com a implementação do Lean. Os problemas ocorreram devido à falta de envolvimento da equipa de gestão no projeto de implementação Lean. Para além disso, o apoio da gestão falhou se não fornecessem uma formação aceitável a todos os funcionários (Worley, J., e Doolen, T., 2006). Jackson, T., Jones, K., (1996) afirmaram que se os gestores de topo da organização não estiverem conscientes da gestão do projeto Lean, "não é provável que a produção Lean aconteça". Achanga, P. et al. (2006) descreveram a necessidade de envolver a gestão de topo nas organizações de PME durante a implementação Lean, pois acreditam que muitas organizações dependem infelizmente do gestor proprietário que pode não ter conhecimentos de gestão com tato; por conseguinte, esse tipo de organização será prejudicado estrategicamente devido à falta de orientação estratégica por parte de bons líderes e gestores.

De acordo com Worley e Doolen (2006), muitos gestores de organizações podem não conseguir reconhecer e preparar a organização para aceitar a mudança para uma empresa Lean. Além disso, afirmam que os gestores de topo também podem não compreender o impacto da implementação dos princípios Lean nas suas organizações. Além disso, os gestores falham na comunicação, na formação e no apoio, uma vez que não tomam medidas diretas nem investigam as questões que os trabalhadores consideram que podem estar a impedir a implementação Lean, o que constitui um exemplo real de falta de comunicação e de apoio ao projeto. Além disso, a empresa também falha na partilha de informações e experiências com outros departamentos e funcionários (Sim, K., e Rogers, J., 2009). A maioria das evidências de comunicação deficiente envolveu a comunicação entre departamentos e a área de produção, o que pode ser atribuído à fraqueza do apoio da gestão (Worley, J., e Doolen, T., 2006).

A falta de uma liderança empenhada na implementação do Lean é também uma barreira crítica, uma vez que o empenho deve estar envolvido no apoio total ao projeto de implementação, pois este é o principal fator de sucesso do programa (Sim, K., e Rogers, J., 2009). No entanto, a falta de recursos financeiros é uma das principais barreiras ao sucesso da implementação do Lean nas PME. Muitas organizações receiam que a aplicação do princípio Lean exija investimentos elevados, que podem incluir a contratação de consultores e a formação dos funcionários para compreenderem a filosofia Lean e as suas ferramentas. De facto, as PME "consideram uma perda desnecessária de recursos, especialmente se não anteciparem retornos imediatos" (Achanga, P. et al., 2006).

No que diz respeito aos desafios departamentais, Forrester, R., (1995) assume que "a menos que o departamento reconheça e compreenda as mudanças culturais que o afectam, tanto numa base interdepartamental como interdepartamental, a resistência aberta e encoberta irá minar os processos Lean". Brown, B., et al. (2006) afirmaram que o principal obstáculo que a organização pode enfrentar durante a implementação Lean é a departamentalização. Será necessário criar uma cultura para os empregados, de modo a que cada empregado possa utilizar a sua experiência e as suas competências básicas para resolver o problema e saber a diferença entre os sete tipos de desperdício (Brown, K., 2007).

As organizações também podem falhar na perceção da segurança do emprego, uma vez que os funcionários podem não acreditar que, se apoiarem o programa Lean, o seu emprego será melhor e mais seguro. Uma vez que o programa Lean não melhorou uma área, pode ocorrer amargura e resistência entre os funcionários (Sim, K., e Rogers, J., e 2009). Segundo Achanga, P. et al., (2006), quando o Lean começa a ser implementado, podem ocorrer perturbações devido ao facto de os trabalhadores deduzirem o medo de violações e de perda de emprego, o que pode mesmo levar à sabotagem.

2.4.3 Fator crítico de sucesso (CSF)

Muitos autores sublinharam os Factores Críticos de Sucesso (CSF) para o sucesso da implementação Lean em qualquer organização. Delgado, C., et al., (2010) e Bayraktar, E., et al., (2007) descreveram os CSF para a implementação Lean, que incluem o compromisso da gestão de topo descendente, cursos de formação de alta atenção em operações Lean e gestão de projectos, mudança cultural, mudança de estruturas organizacionais, novas abordagens e ferramentas para produtos e serviço ao cliente e, finalmente, medir o sucesso em termos de benefícios financeiros.

De acordo com Achanga, P., et al., (2006), eles representaram o QCA da implementação Lean, afirmando que a liderança e o compromisso da gestão são os principais elementos importantes para o sucesso crítico da implementação Lean nas PME, tal como *mostra na Figura 6.*

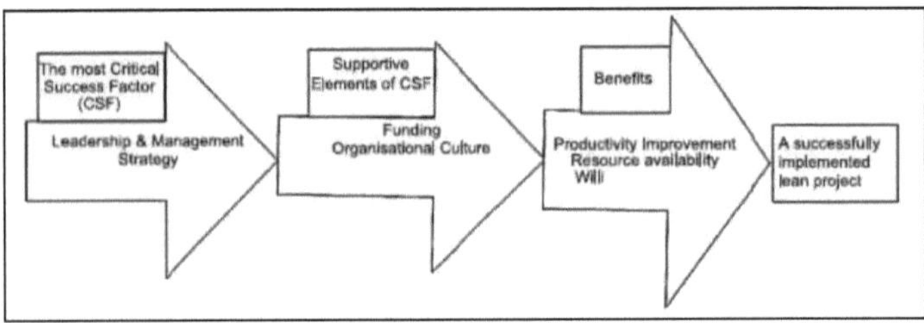

Figura 6: Elementos dos factores críticos para uma implementação Lean bem sucedida (Achanga, P., et al., 2006)

Achanga, P. et al., (2006) mencionaram a importância da gestão da liderança ao afirmarem que os implementadores Lean das PME devem ter fortes competências de liderança que lhes permitam conduzir o estilo de gestão do projeto. Há um número significativo de tarefas que a liderança deve realizar, tais como, integrar toda a infraestrutura dentro da organização onde a visão e a estratégia da organização são estabelecidas, tornando-as fáceis de compreender. Além disso, a estratégia da organização deve ser melhorada para facilitar e implementar o Lean; além disso, os sistemas de recompensa e o comportamento de liderança devem ser objeto de preocupação por parte da gestão para apoiar este tipo de projeto (Achanga, P. et al., 2006). Lonnie Wilson (2010) defende a ideia de que o líder deve ter a capacidade de traduzir as ideias e os conceitos dos funcionários em atributos comportamentais que possam apoiar a implementação do Lean através da concretização dos seus conceitos. Além disso, o apoio da gestão e a liderança podem fazer com que os trabalhadores se sintam positivos quando a comunicação se torna suficientemente forte para ser ligada da base ao topo da gestão no chão de fábrica da organização (Worley, J., e Doolen, T., 2006).

Wilson, L., (2010) confirmou que o líder da equipa de projeto Lean deve ter a capacidade de planear, de melhorar esse plano, de encorajar e de integrar os outros funcionários para que compreendam o Lean e o produzam (Wilson, L, 2010). Holland, C., e Light, B., (1999) assumiram que as PME devem ter uma visão e uma estratégia claras na previsão dos custos e da duração prováveis de um projeto. Achanga, P. et al. (2006) descobriram na sua investigação que quase 90 por cento das implementações estão atrasadas em relação ao calendário ou ultrapassam o orçamento. Por conseguinte, estes problemas podem ocorrer devido a uma falta de estimativa do tempo necessário, do plano e das actividades reais e dos custos de investimento para a execução do projeto "lean". No entanto, a capacidade financeira é um fator essencial para o êxito de qualquer projeto, uma vez que as finanças cobrem todas as despesas que a implementação Lean pode exigir, como a contratação de consultores e a formação. Para além disso, a desvantagem financeira pode ter impacto na estratégia da organização, como as competências e os conhecimentos especializados (um dos QCA): "um baixo nível de competências dos trabalhadores não permitiria aproveitar o desejo de desenvolvimento tecnológico" (Achanga, P. et al., (2006).

Além disso, o elemento importante para incentivar (buy-in) os trabalhadores era depender das competências do pessoal e tentar melhorá-las através da formação e do desenvolvimento (Brown, K., 2007). A implementação Lean pode ser apoiada por alguns componentes, tais como o reforço das competências dos trabalhadores através de mais conhecimentos "educação" e experiência, o que leva à criação de novas ideias e métodos para a organização (Achanga, P. et al., 2006). A formação e a educação do trabalhador na organização têm como objetivo introduzir um nível de autoconfiança nos trabalhadores para criar uma mudança na organização, fornecendo-lhes assim as ferramentas adequadas. David Pollitt (2006) concebeu uma aprendizagem em três partes que apoia a ideia de educar o trabalhador e ajudar a mudar a cultura da organização. A primeira parte foi a aprendizagem formal para ajudar os funcionários a desenvolverem os seus conhecimentos relativamente à filosofia e metodologia corretas e a saberem mais sobre as ferramentas adequadas a essas filosofias. A segunda parte é a aprendizagem informal, que se destina a melhorar a força de trabalho através da criação de cursos de formação de sensibilização e do apoio de formadores internos e consultores externos. A última e terceira parte foram os projectos concretos que simulam e representam os benefícios reais que podem ser alcançados (Pollitt, D., 2006). David Pollitt (2006) parte do princípio de que "...O futuro já não é uma preocupação, mas sim um período emocionante de desenvolvimento construído sobre as bases sólidas de uma empresa segura gerida pelas suas pessoas".

É necessário que as PME estabeleçam a cultura organizacional adequada para o projeto de implementação Lean. Alguns estudos indicaram que a organização das PME requer o desenvolvimento de competências de comunicação, para criar a equipa estratégica da organização. Achanga, P. et al., (2006) assumiram que "muitas PME reflectem, por defeito, na sua cultura, a personalidade do proprietário/gestor e são limitadas por este facto em termos das mudanças que podem empreender". Brown Kevin (2007) na sua tese *"Lean manufacturing - the journal with no end - a case study"* encontrou dois factores principais no estudo de caso que realizou, que incluíam o desenvolvimento de competências para o pessoal e as capacidades da organização, o que levou à adaptação da transformação Lean. O pessoal da organização deve integrar-se com os membros da equipa do projeto para se envolver na implementação Lean, trabalhando como uma equipa e não como um indivíduo; para atingir os objectivos da organização que proporcionam o prestígio da organização. David Pollitt (2006) assumiu que "cada um tinha de pensar por si próprio, mas nós também tínhamos de trabalhar em equipa com um objetivo".

Capítulo 3

3. Metodologia de investigação:

A investigação metodológica depende sempre de dois tipos de metodologias: a metodologia qualitativa e a metodologia quantitativa. A investigação qualitativa não depende de métodos de recolha de dados que podem estar "sujeitos a preconceitos", como o facto de o investigador se concentrar apenas num recurso (Worley, J., e Doolen, T., 2006), ao passo que na investigação quantitativa, mede as variáveis e utiliza a análise estatística para os valores numéricos (Howe, K., e Eisenhart, M., 1990).

O método de investigação desta tese foi concebido para ser quantitativo, tendo começado com a recolha de dados, o mapeamento de processos, a modelação por simulação (Arena) e terminado com um inquérito respondido pelos funcionários da Evenort. A secção seguinte descreve as etapas da metodologia.

3.1 As etapas da investigação metodológica:

O sítio da empresa Evenort Ltd foi selecionado para ser utilizado nesta tese, uma vez que se trata de uma PME no Reino Unido. A presente tese assenta em quatro etapas para compreender a situação da Evenort antes de uma implementação Lean efectiva. A extensão das capacidades dos funcionários da Evenort foi a metodologia de investigação essencial para esta tese. Modelação de simulação para avaliar os benefícios que a Evenort pode obter com a implementação do Lean. As quatro etapas são descritas a seguir:

3.1.1 Recolha de dados (Recolha e Análise)

Esta tese necessitava de dados operacionais reais para a modelação e verificação da simulação. Todos os dados estão relacionados com o processo de produção dos produtos específicos que têm de ser produzidos para a Parker Ltd. Além disso, esses dados incluem a data de receção das encomendas, a quantidade de encomendas, o tempo entre a receção das encomendas, o tempo de ciclo da máquina, as quantidades e a data de expedição para a Parker Ltd. Empresa. Os dados de processamento, tais como o número de operadores, o tempo necessário para o transporte entre o processo e os locais, o tempo de trabalho disponível e os detalhes dos postos de trabalho foram recolhidos em ficheiro PDF (ver Anexo 3). Para os processos da Evenort, foram recolhidos dados reais da empresa Evenort através do Sr. Lee. Esses dados foram guardados e preparados utilizando o software Microsoft®Excel e o Adobe®Reader (como se mostra nos Apêndices 3 e 4). Para os processos da Parker Ltd., os pressupostos foram criados em função da discussão com o Sr. Lee e assumiram esses valores para os restantes três processos (Montagem, Teste de Pressão e Embalagem).

Metodologia de análise de dados:

Os dados recolhidos foram analisados para serem utilizados na modelação de simulação que será descrita nesta tese. Os dados foram categorizados e organizados utilizando o Microsoft®Excel. Um número significativo de dados aparece claramente e foi fácil de compreender e analisar (ver Anexo 5). Os dados organizados dependem da categorização, tais como o tipo de produto das encomendas, a quantidade de encomendas, o tempo necessário para a produção na Evenort e a expedição para a Parker, a quantidade de expedição e os diferentes tempos entre encomendas. Em primeiro lugar, todos os dados devem ser preparados como um ficheiro de texto em Microsoft®Windows™ Notepad, como se mostra na Figura 7 abaixo. Em seguida, a metodologia de análise utilizou um software especial do Arena® 13.5 denominado "input", conforme descrito na Figura 8.

A Figura 8 mostra a utilização da análise "Input" do Arena, o primeiro passo é encontrar a ferramenta de input onde está localizada em *"C:\Program Files (x86)\Rockwell Software\Arena"*. O segundo passo explica-se pela escolha de *File/New (Ficheiro/Novo)* para iniciar uma nova entrada a ser analisada. O passo seguinte é carregar o ficheiro de texto descrito na figura 8, que se encontra em *File/Data/Use Exciting*; em seguida, escolhe-se o ficheiro que se pretende analisar.

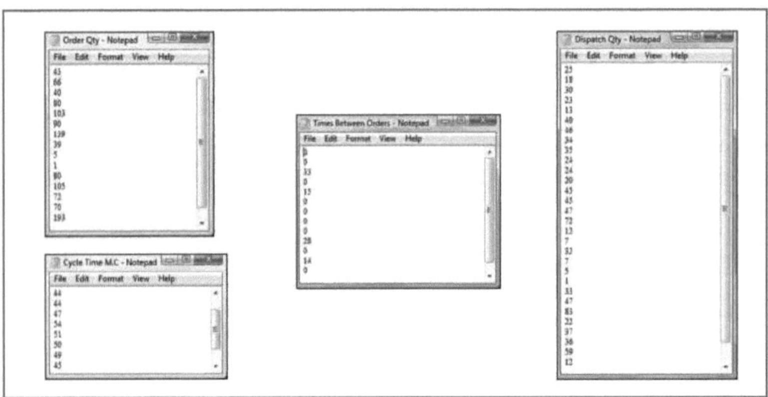

Figura 7: Utilização do software Notepad para preparar os diferentes dados a utilizar no Arena, Análise de entradas

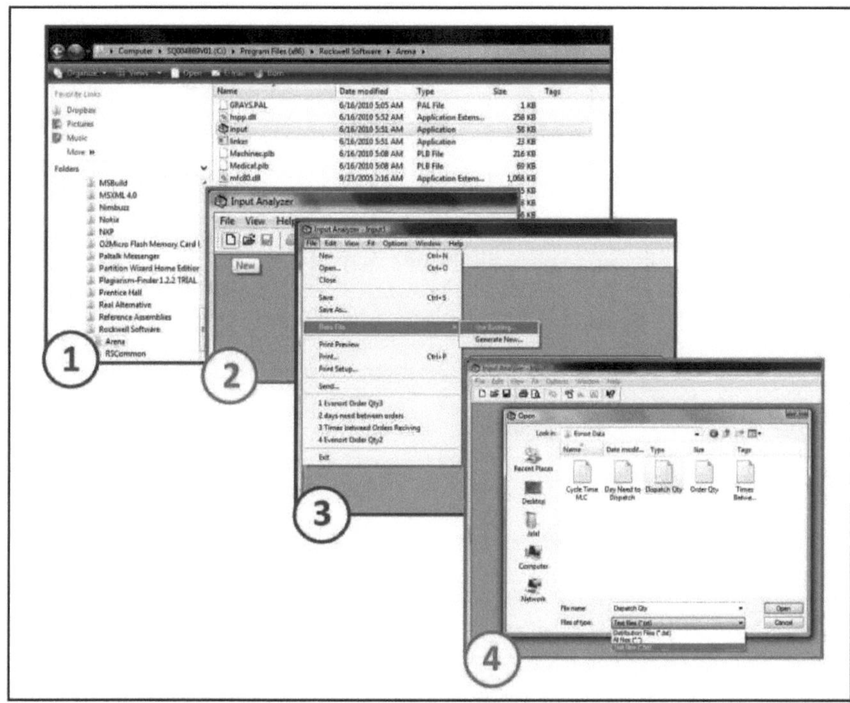

Figura 8: Passos para utilizar a opção de análise de entradas do Arena®.

A Figura 9-a explica a análise de dados para a Quantidade de Encomendas, e a Figura 9-b, para a mesma análise de dados, mas depois de *"Ajustar todos"* os resultados dos dados e dar o tipo correto *de distribuição a utilizar. (ver Apêndices 6, 7, 8 e 9 para todas as análises de dados).*

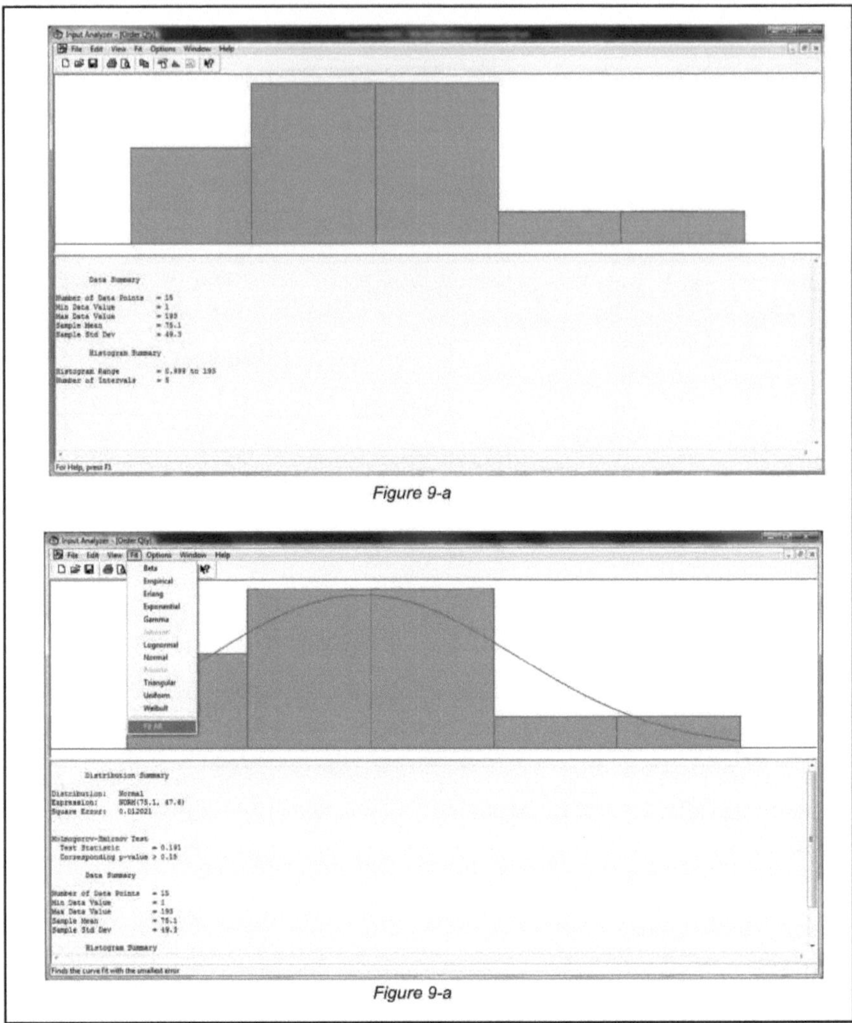

Figure 9-a

Figure 9-a

Figura 9: Resultado de dados diferentes utilizando o software de introdução Arena®.

3.1.2 Mapeamento de processos

O mapeamento de processos é uma forma de compreender o fluxo de produção e de conhecer bem as actividades de trabalho no chão de fábrica. É também a forma de identificar cada processo de operação envolvido na produção do produto especificado desde a receção das encomendas até à expedição da encomenda para o cliente (Parker). O mapeamento do processo de produção de flanges maquinadas (forjadas) "tal como foi descrito no capítulo 1" na área de produção da Evenort foi recolhido na empresa através do Adobe®Reader apresentado no Anexo 2 para a situação atual. A proposta para o futuro mapeamento do processo é apresentada no Anexo 10.

Através da recolha dos dados acima referidos, todos os dados reais do processo, tais como actividades e transporte, foram convertidos no novo mapeamento do processo, que apresenta todas as actividades sob a forma de fluxograma. O mapeamento do processo para o estado atual e futuro foi desenvolvido e desenhado utilizando o Microsoft Visio (apresentado na Figura 10 abaixo para o estado atual e no anexo 11 para o estado futuro).

Este mapeamento do processo identificou os passos completos para as actividades do processo, tais como os dados do processo operacional para cada posto de trabalho, o número de operadores utilizados na produção dos produtos maquinados e o transporte de um local para outro e a sua distância. O objetivo do mapeamento do processo é mostrar o início da produção, desde a receção da encomenda até à sua expedição para a Parker e depois para os utilizadores finais "Clientes".

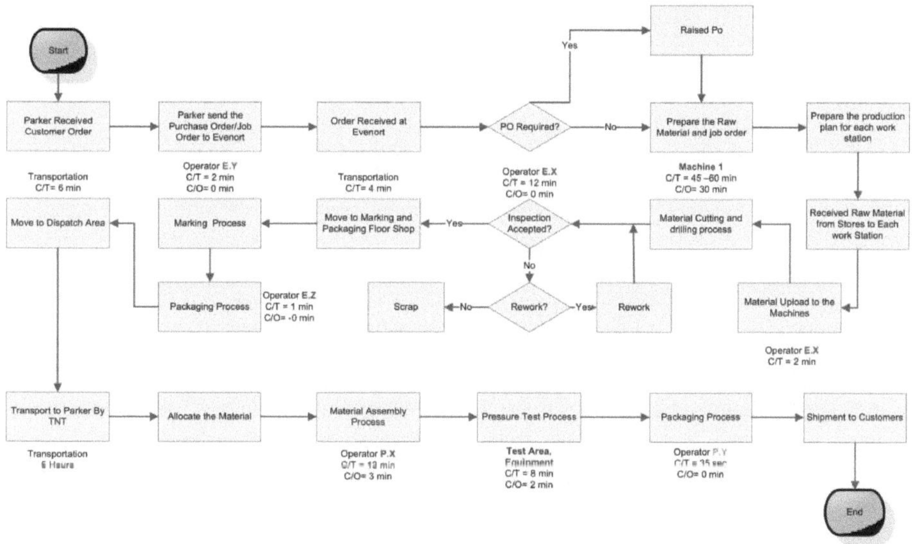

Figura 10: Mapeamento do processo do estado atual com actividades e dados do processo através do Microsoft Visio.

3.1.3 Modelação de Simulação (Modelação e Análise)

A maior parte dos gestores das organizações tradicionais não compreendem nem concordam com a aplicação do princípio Lean porque não conseguem avaliar os benefícios que podem obter com a aplicação do Lean. Além disso, faltam provas quantificáveis necessárias para incentivar os gestores a aceitarem o Lean (Abdulmalek, F., Rajgopal, J., 2007). Neste contexto, a modelação por simulação foi estabelecida nesta tese como uma metodologia para ajudar na decisão de implementar os princípios Lean na nova linha de produção da empresa Evenort. Segundo Yang-Hua Lian e Hendrik Van Landeghem (2002), através da simulação, os gestores da organização podem ver as influências antes de transformar a organização em Lean, tais como a influência das alterações de layout, a utilização dos recursos e das máquinas, as entidades de produção, a duplicação de trabalho e o tempo de espera.

A partir dos dados recolhidos e do mapeamento do processo desenhado, tudo isto será convertido para a construção do modelo de simulação do processo Evenort, utilizando o software ARENA® v.13.5 (versão académica). A Figura (11) mostra a janela principal do Arena, nesta parte existem três regiões básicas e que incluem: Barra de Projeto, A visualização do fluxograma da janela Modelo e A visualização da planilha da janela Modelo (ver Figura 11 onde está localizada). A barra de projeto contém quatro painéis: o painel "Processo básico", o painel "Processo avançado", o painel "Relatório" e o painel "Navegar". Os três primeiros painéis incluem vários módulos que são utilizados para construir o modelo de simulação para o Evenort.

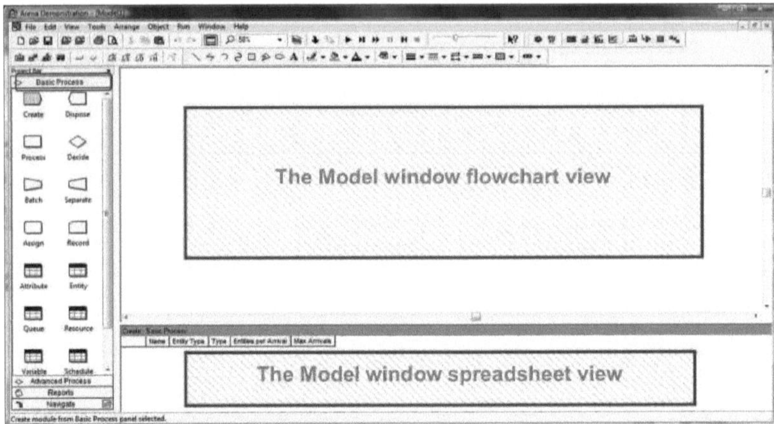

Figura 11: A janela principal da Arena®.

Processo de modelação da simulação:

A próxima secção desta tese tratará das etapas de criação do modelo de simulação para o estado atual da linha de produção Evenort, utilizando o sistema de simulação do software Arena 13.5 (versão para estudantes). A simulação começou com o modelo do sistema atual, que foi posteriormente modificado para modelar o estado futuro proposto. "Antes de avaliar o estado futuro, foi feito um esforço considerável para verificar e validar o modelo do sistema atual. A verificação é o processo que garante que o modelo de simulação imita o sistema real" (Abdulmalek, F. A., Rajgopal, J., (2007).

As etapas serão executadas com todos os pormenores sobre a fase em que o processo ocorreu, o tipo de módulo utilizado e o valor e a distribuição específicos utilizados para cada processo, com referência ao anexo que foi utilizado. A Figura 13 de a-L mostra todas as etapas de modelação da simulação.

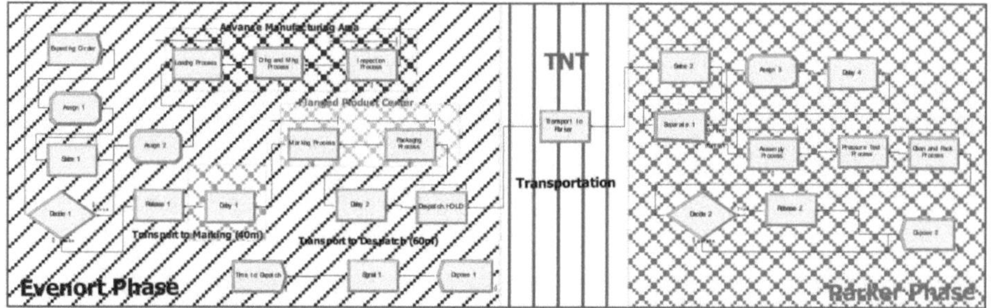

Figura 12: Situação atual da linha de produção da Evenort (Fonte: Arena)

Nesta fase, a Arena pode identificar os tipos de encomendas que podem ser recebidas da Parker, no módulo "Create" o nome foi alterado para (Expecting Orders). De seguida, é necessário identificar o "Entity Type" (tipo de entidade), tal como indicado na figura 13-a. Finalmente, os dados introduzidos dependiam da análise dos dados (ver Apêndice 7), em que o tempo entre a receção de encomendas em (Expecting Orders) depende da distribuição de Longnorma, que era -0,5 + LOGN(7,34, 33). No entanto, o tempo entre a receção de encomendas foi assumido como 10,7 dias (ver Apêndice 7 para mais pormenores). Além disso, as entidades por cada encomenda foram assumidas de 1 a infinito (ver figura 13-a abaixo).

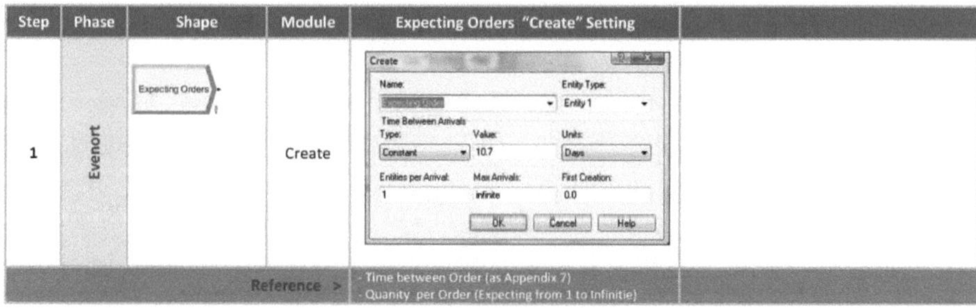

Step	Phase	Shape	Module	Expecting Orders "Create" Setting	
1	Evenort	Expecting Orders	Create	Create Name: [Expecting Orders] Entity Type: Entity 1 Time Between Arrivals Type: Constant Value: 10.7 Units: Days Entities per Arrival: 1 Max Arrivals: infinite First Creation: 0.0 OK Cancel Help	
			Reference >	- Time between Order (as Appendix 7) - Quanity per Order (Expecting from 1 to Infinitie)	

Figure 13-a

O próximo passo é criar "Assign1" que é usado para definir a variável da (Quantidade de Despacho) que identificou dois atributos; o primeiro (Quantidade de Despacho Original), que deu distribuição Normal com média de 75,1 entidades e desvio padrão de 47,6 entidades e o outro atributo chamado de (Quantidade de Despacho) que seu valor é igual à (Quantidade de Despacho Original) (ver figura 13-b e Apêndice 6). Uma vez feito isso, o módulo "Seize1" é utilizado para controlar a (Hurco Machine Resource) onde será utilizada para o (Drilling and Milling Process). O processo continua se o atributo (Quantidade de Despacho) for menos 1 para passar ao processo seguinte, pelo que esta ação foi novamente utilizada pelo módulo "Assign2" para definir a atribuição desse atributo necessário (Figura 13-b&c abaixo).

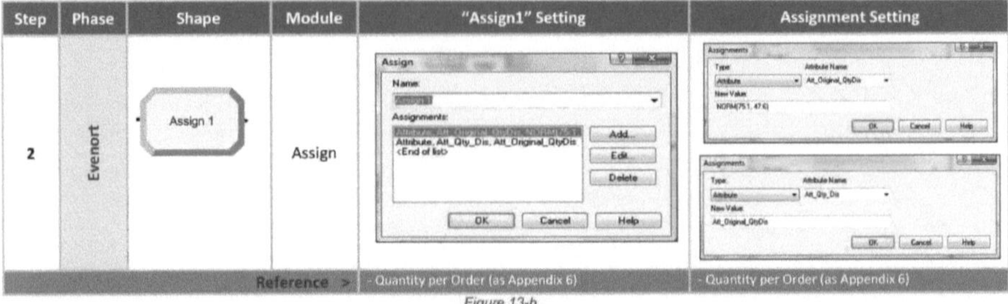

Step	Phase	Shape	Module	"Assign1" Setting	Assignment Setting
2	Evenort	Assign 1	Assign		
			Reference >	- Quantity per Order (as Appendix 6)	- Quantity per Order (as Appendix 6)

Figure 13-b

Step	Phase	Shape	Module	"Seize1" Setting	"Assign2" Setting
3	Evenort	Seize 1	Seize		
		Assign 2	Assign		
			Reference >	-Process Mapping (Figure 10)	

Figure 13-c

Para o processo de carregamento, o módulo *"Process"* foi utilizado para definir o tipo de recurso com 2 minutos necessários (Evenort. Ltd. Feedback-Process Mapping figura 10) para carregar as peças para a máquina. A ação do processo "Logic" foi definida como "Seize Delay Release" onde o mesmo recurso estará ocupado a fazer outra atividade. Depois disso, o módulo *"Process"* define o processo (Drilling and Milling Process); esta ação "Logic" é definida como "Delay" (Atraso), sendo que o mesmo recurso foi "Seize1" (Apreender1) no passo anterior. O tempo necessário para esta ação foi utilizado com uma distribuição de Poisson com uma média de 46,1 minutos (ver anexo 8). Quando a máquina tiver terminado com esta entidade, continuará a para o outro processo, que é o processo de inspeção. Esta fase também é utilizada no módulo *"Process"*, definindo "Seize Delay Release" como uma ação lógica e o tempo necessário é de 12 minutos, conforme indicado na (ver figura 13-d abaixo).

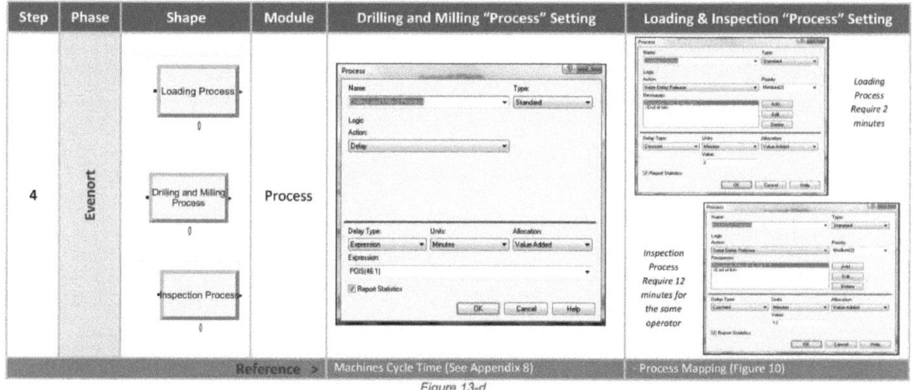

Figure 13-d

O passo seguinte é o módulo *"Decide"*, que verificará se o atributo "Dispatch Quantity" (Quantidade de despacho) atingiu mais de um (>1) e, em seguida, continuará e "Release" (Libertar) o (Hurco Machine Resource- Res_Mach1). No entanto, o processo regressará novamente ao (processo de carregamento) através de *"Assign2"* se o valor do atributo "Dispatch Quantity" não corresponder à condição *"Decide"*. A "Entidade" das peças vai transformar-se da área de fabrico avançada para a área de marcação e embalagem com uma distância de 40m e que necessita de 4 minutos. Para esta ação foi utilizado o módulo "Delay1" (ver figura 13-e abaixo)

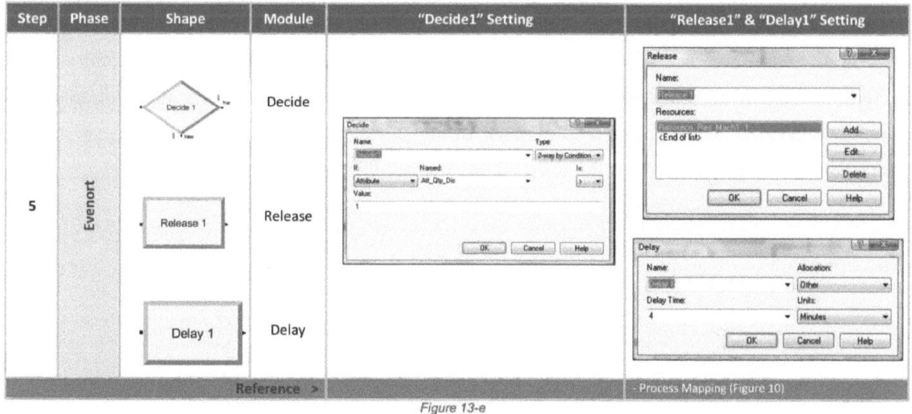

Figure 13-e

Na área de marcação e embalagem, o processo começa a marcar a entidade e isso requer 2 minutos de trabalho do operador de marcação. Aqui, o módulo "Process" (Processo de marcação) definiu os requisitos e os recursos, como se mostra na Figura 13-f. O processo seguinte para esta área é a embalagem, que é efectuada pelo operador de embalagem e requer 1 minuto para terminar o processo. Mais uma vez, o módulo "Process" (Processo de embalagem) foi utilizado para definir os dados (ver Figura 13-f abaixo e Figura 10 para o mapeamento do processo). Finalmente, o transporte da área de marcação e embalagem demora 6 minutos (distância de 60 m) até à área de expedição (utilizando "Delay2").

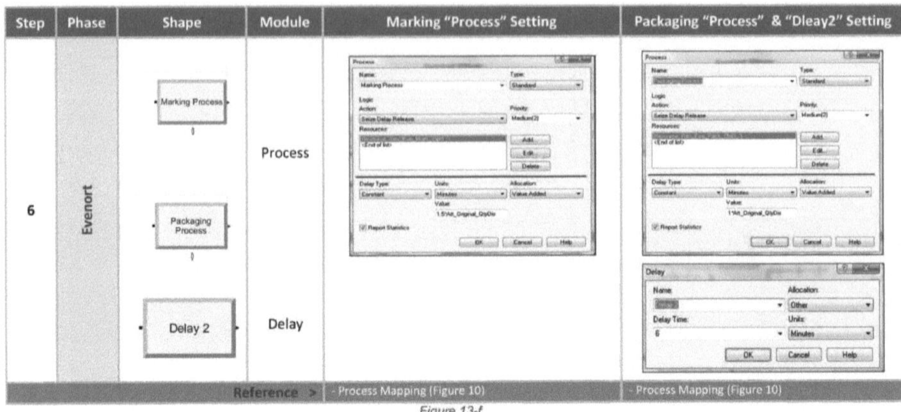

Figure 13-f

A empresa Evenort despacha a peça para a Parker diariamente às 16h00, utilizando o transporte TNT, como mostra a figura 13-h abaixo; (utilizar "Delay3" para o transporte da Evenort para a Parker, o tempo necessário é de 5 horas). A recolha e análise dos dados revelou que a Evenort necessitou de pouco tempo desde que recebeu a encomenda até à sua expedição para a Parker. Esta quantidade de expedição foi analisada e determinada a distribuição normal com partes NORM(31.1, 19). No entanto, esta quantidade foi ignorada, uma vez que a versão para estudantes do Arena se limitou a jogar a simulação com entidades elevadas. Como resultado, o módulo Time to Dispatch "Create" foi utilizado para assumir a quantidade de 1 a infinito e para a hora específica (diariamente às 16.00 horas). Para o despacho foi utilizado o módulo "Hold" para manter as entidades até à receção do "Signal" que foi criado pelo módulo "Create", o módulo "Signal" com um fim pelo módulo "Dispose". (ver figura 13-g)

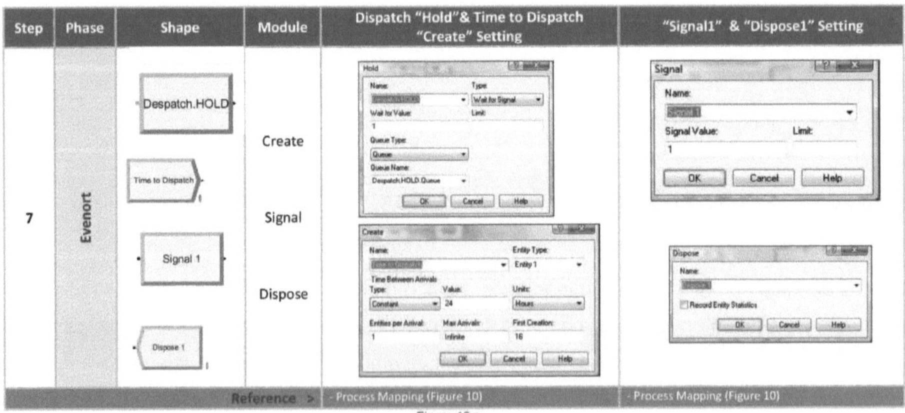

Figure 13-g

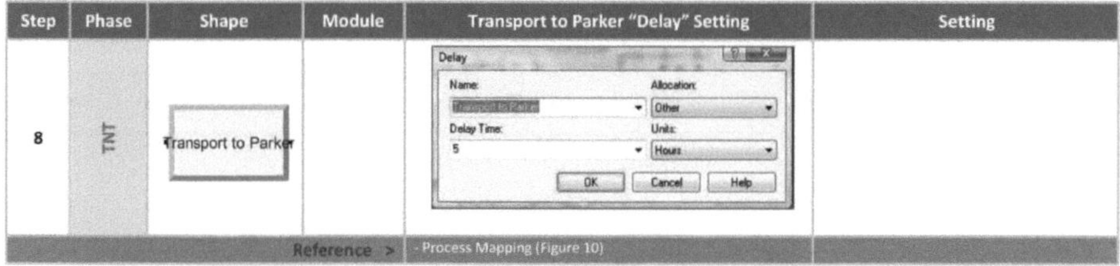

Step	Phase	Shape	Module	Transport to Parker "Delay" Setting	Setting
8	TNT	Transport to Parker		Delay Name: Transport to Parker — Allocation: Other Delay Time: 5 — Units: Hours OK / Cancel / Help	
			Reference >	- Process Mapping (Figure 10)	

Figure 13-h

Uma vez que as peças chegam à localização de Parker, a afetação utilizará a condição especial de duplicar o original em 50% para o atributo de (Quantidade de Expedição Original), o que pode ser conseguido através do Módulo "Separado". Antes de passar a descrever os processos de Parker, há um recurso que deve ser apreendido (Test Area Resource) (ver figura 13-i). Além disso, o "Assign4" foi publicado para controlo pela sua "Assignment" (Last in Batch) e é igual a 1 valor. O "Delay4" é utilizado como um tempo fictício de 0,01 segundos (ver figura 13-j).

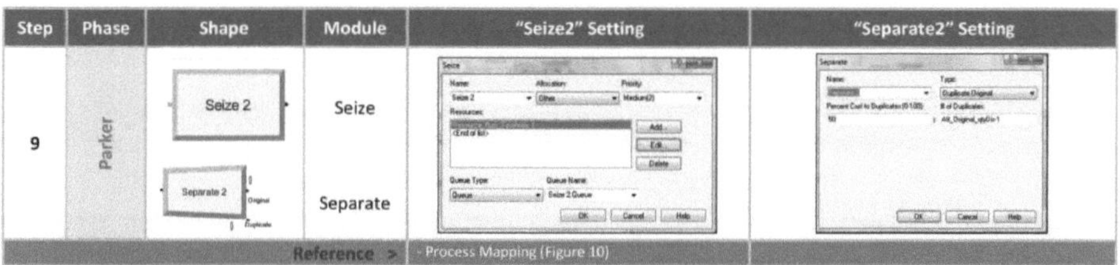

Step	Phase	Shape	Module	"Seize2" Setting	"Separate2" Setting
9	Parker	Seize 2 Separate 2	Seize Separate	Seize Name: Seize 2 — Allocation: Other OK / Cancel / Help	Separate Type: Duplicate Original OK / Cancel / Help
			Reference >	- Process Mapping (Figure 10)	

Figure 13-i

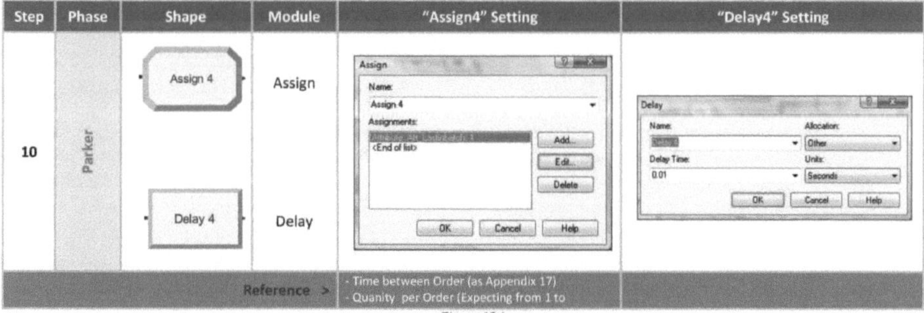

Step	Phase	Shape	Module	"Assign4" Setting	"Delay4" Setting
10	Parker	Assign 4 Delay 4	Assign Delay	Assign Name: Assign 4 Assignments: <End of list> Add... / Edit... / Delete OK / Cancel / Help	Delay Name: — Allocation: Other Delay Time: 0.01 — Units: Seconds OK / Cancel / Help
			Reference >	- Time between Order (as Appendix 17) - Quanity per Order (Expecting from 1 to	

Figure 13-j

Por conseguinte, o (Processo de Montagem), o primeiro processo na Parker, será iniciado utilizando o módulo "Processo" com a ação lógica "Apreender, atrasar, libertar". Esta fase requer 13 minutos para terminar este processo e 1 operador como recurso (este valor foi assumido) onde o recurso fará outras actividades para os processos seguintes. De seguida, (Processo de Teste de Pressão) tem uma distribuição uniforme entre o mínimo de 8 minutos e o máximo de 10 minutos (este valor foi assumido). Este processo é um teste totalmente automático, sendo utilizado equipamento especial para testar a estanquidade das peças. A fase final do Parker utilizou o módulo "Process" para o (Packaging Process) e necessitou de 35 segundos (este valor é assumido) pelo segundo operador (ver figura 13-k).

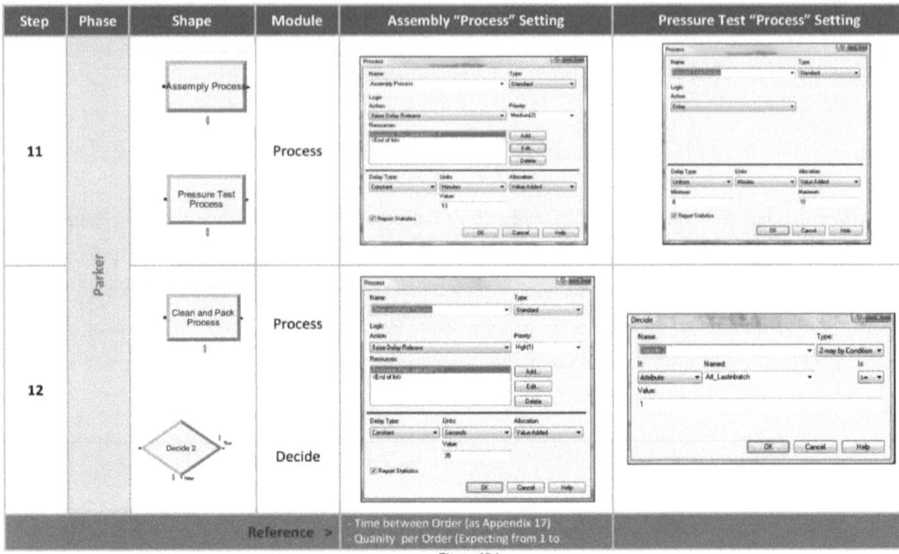

Figure 13-k

Após esta fase, o módulo "Decide" é utilizado para comparar se a "Assign4" é superior a 1 entidade para libertar a (Área de teste) e terminar com o módulo "Dispose3". Caso contrário, a simulação será concluída diretamente com o mesmo módulo "Dispose3" (ver figura 13-k&L). A figura 14 mostra o último passo com o módulo "Run Setup".

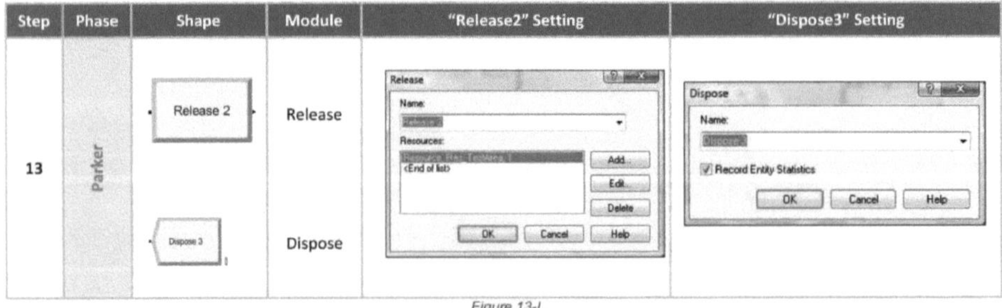

Figure 13-L

O modelo de simulação foi executado durante 133 dias, uma vez que os dados foram recolhidos no período de 4 de janeiro de 2011 a 17 de maio de 2011 (133 dias). No entanto, o dia de trabalho mencionado é de 24 horas por dia (ver figura 14).

Figura 14: Configuração de execução

Análise de modelação de simulação :

Para verificar se a modelação da simulação representa o sistema real, o processo de percurso do modelo, o valor introduzido e o resultado devem ser verificados para garantir que o modelo foi construído com exatidão. A validação do modelo de simulação consiste em comparar o rendimento (saída) da simulação com a saída do sistema real (ver apêndice 5). As medidas que também incluem o WIP (Work-In-Progress), a utilização dos recursos, o número de pessoas em fila de espera para cada recurso e processo e o tempo de espera. O modelo de simulação foi executado durante 133 dias, o que equivale ao mesmo período em que os dados foram recolhidos (de 04.01.11 a 17.05.11) e durante 24 horas de trabalho (3192 horas). Para os resultados reais da simulação que foram determinados pela execução do modelo, ver Apêndices 14, 15 e 16.

Além disso, para comparar todos os resultados da situação atual em Evenort, os cenários futuros foram concebidos com os mesmos pormenores que foram utilizados na situação atual, mas com algumas alterações à situação futura. A figura 15 mostra a proposta da nova disposição da linha de produção, que se presume ser de fluxo unitário. Esta proposta foi discutida com o Sr. Lee da empresa Evenort e sofreu algumas alterações para identificar a localização correta (figura 15). Os recursos foram referidos no Apêndice 11 para o mapeamento do processo futuro. Como resultado, a Figura 16 representa a modelação da simulação futura, assumindo que o transporte da Evenort para a Parker pela TNT não sofreu alterações (Cenário 1).

No entanto, o cenário 2 para a situação futura da Evenort pressupõe que o transporte da TNT será eliminado e que toda a atividade foi alterada para ser fornecida pela Evenort diretamente aos utilizadores finais (clientes), ver figura 17. Todos os resultados e discussões relativos à modelização da simulação serão analisados na secção seguinte.

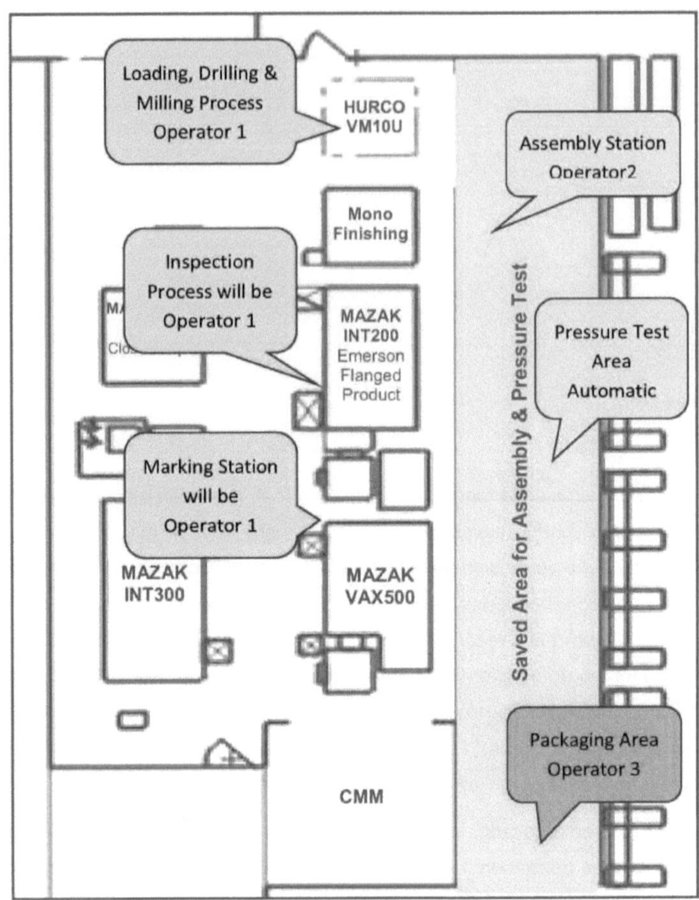

Figura 15: Esquema da nova linha de produção da Evenort

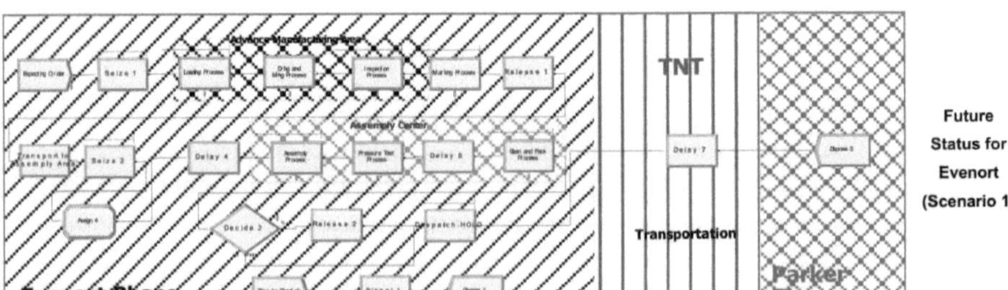

Figura 16: Situação futura do Evenort (Cenário 1) com transporte em TNT.

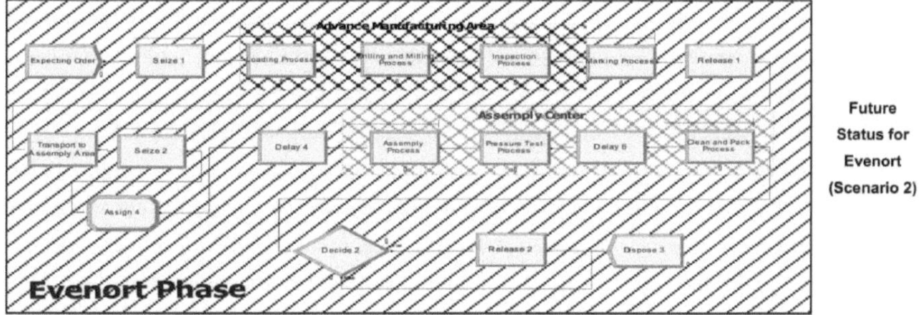

Figura 17: Situação futura do Evenort (Cenário 2) sem transporte de TNT e Fase Parker

3.1.4 Inquérito (fiabilidade, validade e análise) :

O inquérito foi distribuído a todos os departamentos que são efetivamente responsáveis pelo fabrico do produto na Evenort Ltd. até à sua expedição para a Parker, que é o foco desta tese. Estes departamentos responsáveis incluem a direção, as vendas, a oficina de fabrico avançado, o produto flangeado (antiga oficina), o centro de embalagem e marcação e os funcionários do departamento de expedição. O inquérito centrou-se no primeiro turno e não incidiu sobre os outros turnos relacionados com a organização Evenort. Foram selecionados 15 trabalhadores ao acaso, que foram convidados a participar neste estudo. Este número de funcionários representa 50% do número total de funcionários que trabalham no primeiro turno. Com a total ajuda e apoio do Sr. Lee (o Associado de Transferência de Conhecimentos da Evenort), foi possível obter uma taxa de resposta de 100% aos questionários do inquérito (ver Anexo 12 para os questionários do inquérito)

A recolha destas informações e dados antes de qualquer implementação fornecerá bons indicadores sobre o estado da organização e a sua disponibilidade para implementar a operação "lean". Este inquérito começou com as secções um e dois para obter os "dados demográficos". A primeira secção abrangeu as informações gerais para determinar se a organização utiliza atualmente a filosofia do princípio Lean e se existe algum posto específico na organização que necessite de ser reduzido através da utilização do Lean. Para além disso, pretende-se ter uma visão geral da necessidade de formação e do grau de compreensão do Lean por parte dos funcionários da Evenort. Além disso, a segunda secção do inquérito abrangeu a compreensão das ferramentas Lean pelo pessoal do Evenort e se este tipo de filosofia pode trazer benefícios para a organização. As secções do inquérito foram criadas para recolher os dados a fim de analisar a compreensão da filosofia Lean por parte dos funcionários do Evenort e a utilização das ferramentas Lean. Estas secções foram concebidas pelo autor com base nas teorias de Womack, J. e Jones, D. (1996) e Taiichi Ohno (1988).

A segunda parte do inquérito continha as 20 afirmações (secção 3 a secção 7) que registavam as opiniões e os comportamentos dos trabalhadores da Evenort, a fim de cobrir as cinco áreas que poderiam dar pistas sobre a sua falta de sucesso no âmbito do programa de implementação do sistema Lean. Essas cinco áreas incluem a atividade, a liderança, o desenvolvimento e a formação, a comunicação e a segurança no emprego. Cada secção foi construída com quatro perguntas. Foi pedido aos trabalhadores da Evenort (inquiridos) que respondessem a as questões utilizando uma escala de Likert de cinco pontos, que varia entre 1 e 5, ou seja, de concordo totalmente (1) a discordo totalmente (5). A secção "Empresas" é a terceira secção, na qual as perguntas foram criadas para esclarecer em que medida os empregados concordam com o princípio Lean como ferramenta competitiva. A secção "Liderança" (quarta secção) foi criada para compreender se as práticas diárias do princípio Lean correspondem às documentadas na literatura. Na quinta secção, dedicada ao desenvolvimento e à formação, as perguntas do inquérito foram criadas para compreender a necessidade de desenvolvimento ou de formação para satisfazer os trabalhadores. Em seguida, a sexta secção, categorizada na secção "Comunicação", permite conhecer as condições da organização em termos de apoio à gestão, formação e comunicação entre os funcionários e os departamentos. A última secção é a Segurança do emprego, que pode medir a lealdade e a satisfação em resultado da utilização de serviços externos, ou da perda de emprego ocorrida na organização Evenort do pessoal e da mentalidade do empregado. Esta parte do inquérito foi concebida através da criação de perguntas adequadas aos requisitos do Evenort, combinadas com o inquérito utilizado no artigo *"Implementing lean production systems: barriers to change"* dos autores Khim L. Sim e John W. Rogers (2009)

Fiabilidade e validade do inquérito

A fiabilidade e a validade dos dados recolhidos dependem da conceção e da estrutura das perguntas e do "rigor dos testes-piloto" (Saunders, M., et al., 2003). O inquérito foi criado para recolher atributos, comportamentos e opiniões, sendo que a variação dos inquiridos se refere à sua variação real, que depende da diferente compreensão e da mentalidade dos inquiridos (Breyfogle, F.W., 1999).

Análise do inquérito:

Os inquiridos pertenciam a diferentes departamentos, incluindo 3 do departamento de gestão (1 garantia de qualidade e 2 representantes de vendas), a área de fabrico "oficina de máquinas avançada", com 6 inquiridos (1 engenheiro de produção, 1 estudante estagiário "engenheiro de produção", 1 supervisor, 2 aprendizes de operador e 1 operador de torno), a área de produção de flanges "antiga fábrica", com 3 operadores e, finalmente, a área de expedição, com 3 funcionários que responderam ao inquérito. A maioria dos inquiridos é composta por 40% de operadores, 13% de operadores de vendas e aprendizes e 7% de representantes da garantia de qualidade, engenheiros e supervisores de produção, estudantes de licenciatura e gestores de expedição.

Para a primeira e segunda secções foi utilizado o Microsoft Excel para representar os resultados em percentagem (ver Apêndice 17 e 18). Por outro lado, o Microsoft Excel foi utilizado para recolher os dados para as restantes secções, da terceira à sétima secção (últimas 20 perguntas), uma vez que foram construídos através de uma escala de Likert de cinco pontos, variando de 1-5, ou seja, de concordo totalmente (1) a discordo totalmente (5) (ver apêndice 13). Foi utilizado o software SPSS para analisar as restantes secções, uma vez que o SPSS está familiarizado com este tipo de análise de fiabilidade para a escala de Likert (ver Quadro 3).

Capítulo 4

4. Resultados e discussões:

4.1 Resultados da simulação e discussão

No quadro 2 (ver apêndice 14, 15 e 16 para mais pormenores), são apresentados os resultados para o estado atual em Evenort, o estado futuro (cenário 1) e o estado futuro (cenário 2). Para os resultados do estado atual e do estado futuro (Cenário 1), a "saída" das entidades é igual a 921 entidades eliminadas, enquanto a entidade "Número_em" para o sistema foi de 1054 entidades. No entanto, a tabela 2 quase não apresenta o "número em fila de espera" e o "tempo de espera em fila de espera" para o estado atual; enquanto que o "número em fila de espera" e o "tempo de espera em fila de espera" podem ser observados nos cenários 1 e 2. Consequentemente, o modelo do estado atual foi simulado num lote, como mostra a figura 12, enquanto os cenários 1 e 2 foram simulados em função de um único fluxo. (ver figuras 16 e 17).

Além disso, os resultados indicam que o tempo médio para o sistema é de 1,4 horas para todos os estados, enquanto que a diferença se verifica com o mínimo e o máximo para cada estado. O estado atual determinou um mínimo de 0,36 horas e um máximo de 129,3 horas; enquanto os dois cenários registaram um mínimo de 1,07 horas e um máximo de 1,75 horas.

Tabela 2: Resultado da modelação da simulação

Tally Variable													
S#	Identifier	Current Status (Appendix 14)				Future Status-Scenario1 (Appendix 15)				Future Status-Scenario 2 (Appendix 16)			
		Phase	Avg.	Min.	Max.	Phase	Avg.	Min.	Max.	Phase	Avg.	Min.	Max.
1	Entity 1.VATime	Whole System	1.4267	0.35977	129.32	Whole System	1.408	1.0685	1.7466	Whole System	1.408	1.0685	1.7466
2	Entity 1.WaitTime		9.2407	0	44.316		35.932	0.31436	84.497		23.861	0	70.566
3	Entity 1.TotalTime		10.74	0.36055	165.39		42.365	6.6	90.6		25.294	1.1414	72.004
4	Seize 1.Queue.WaitingTime	Evenort	0	0	0	Evenort	23.621	0	70.566	Evenort	23.62	0	70.566
5	Loading Process.Queue.WaitingTime		0	0	0		0.02465	0	0.2		0.02479	0	0.2
6	Inspection Process.Queue.WaitingTime		0	0	0		0.03172	0	0.2		0.03172	0	0.2
7	Marking Process.Queue.WaitingTime		0	0	0		0.06754	0	0.2		0.06732	0	0.2
8	Packaging Process.Queue.WaitingTime		0	0	0		*	*	*		*	*	*
9	Despatch.HOLD.Queue.WaitingTime		15.987	4.4706	23.299		12.069	0.02331	23.994		*	*	*
10	Seize 2.Queue.WaitingTime	Parker	0	0	0		0.11732	0	0.37622		0.11668	0	0.37622
11	Assemply Process.Queue.WaitingTime		9.015	0	26.433		0	0	0		0	0	0
12	Clean and Pack Process.Queue.WaitingTime		0	0	0		0	0	0		0	0	0

DISCRETE-CHANGE VARIABLES													
S#	Identifier	Current Status (Appendix 14)				Future Status-Scenario1 (Appendix 15)				Future Status-Scenario 2 (Appendix 16)			
		Phase	Avg.	Min.	Max.	Phase	Avg.	Min.	Max.	Phase	Avg.	Min.	Max.
1	Entity 1.WIP	Whole System	3.0989	0	123	Whole System	12.223	0	124	Whole System	7.2983	0	123
2	Seize 1.Queue.NumberInQueue	Evenort	0	0	0	Evenort	6.8155	0	121	Evenort	6.8154	0	121
3	Loading Process.Queue.NumberInQueue		0	0	0		0.00711	0	1		0.00715	0	1
4	Inspection Process.Queue.NumberInQueue		0	0	0		0.00915	0	1		0.00915	0	1
5	Marking Process.Queue.NumberInQueue		0	0	0		0.01949	0	1		0.01942	0	1
6	Packaging Process.Queue.NumberInQueue		0	0	0		*	*	*		*	*	*
7	Despatch.HOLD.Queue.NumberInQueue		0.06511	0	1		3.4825	0	44		*	*	*
8	Seize 2.Queue.NumberInQueue	Parker	0	0	0		0.03385	0	1		0.03367	0	1
9	Assemply Process.Queue.NumberInQueue		2.6011	0	122		0	0	0		0	0	0
10	Clean and Pack Process.Queue.NumberInQueue		0	0	0		0	0	0		0	0	0

Output								
S#	Identifier	Current Status (Appendix 14)		Future Status-Scenario1 (Appendix 15)		Future Status-Scenario 2 (Appendix 16)	
		Phase	Value	Phase	Value	Phase	Value
1	Entity 1.NumberIn	Whole System	1054	Whole System	1054	Whole System	921
2	System.NumberOut		921		921		921
3	Res_Mach1.ScheduledUtilization	Evenort	28.86%	Evenort	16.67%	Evenort	16.67%
4	Res_Eve_Opt1.ScheduledUtilization		6.73%		7.69%		7.69%
5	Res_Eve_Mark_Opt1.ScheduledUtilization		0.97%		*		*
6	Res_Eve_Pack_Opt1.ScheduledUtilization		0.48%		*		*
7	Res_TestArea.ScheduledUtilization	Parker	6.32%		11.34%		11.34%
8	Res_parkerOP1.ScheduledUtilization		6.25%		6.25%		6.25%
9	Res_parkerOP2.ScheduledUtilization		0.28%		0.28%		0.28%

Além disso, para o estado atual, o trabalho em curso (WIP) registou 3 entidades como média e 123 como máximo. No cenário 1, o WIP aumentou para 12 entidades em média e 124 no máximo. Além disso, o WIP registou mais do que o estado atual, com uma média de 7 entidades. Mais uma vez, o estado atual foi simulado com tamanho de lote, enquanto os outros dois cenários dependem de um sistema de fluxo de uma peça. O problema pode ser discutido com o software de modelação de simulação criado para esta condição. O software de simulação foi concebido para esta situação, o que demonstra que é necessário um conhecimento mais aprofundado para identificar as diferenças entre os dois sistemas.

Além disso, as utilizações de todos os recursos são apresentadas na Tabela 2 acima. A utilização da máquina 1 (Hurco-Drilling and Milling Machine) registou a utilização mais elevada, com uma taxa de 29%, tendo diminuído em ambos os cenários para 17%. Como resultado, os dois cenários (com a implementação do One Piece Flow - princípios Lean) mostraram a melhoria do novo sistema de produção.

Além disso, a utilização do Operador 1 em Evenort aumentou 1% (6,7% no estado atual para 7,7% em ambos os cenários). Esta é uma razão para juntar a tarefa do processo de marcação ao mesmo operador 1 em ambos os cenários. Além disso, a utilização da Área de teste também aumentou para a mesma condição com uma taxa de 5 por cento (6,3 por cento para 11,3 por cento). No entanto, o número máximo de entidades em fila de espera foi registado na estação de montagem com 122 entidades, tendo esta fila sido eliminada ao simular os dois cenários.

Com base nos resultados estatísticos acima referidos, a Evenort deve melhorar o seu serviço para a sua nova linha de produção. Há uma série de melhorias que a Evenort deve comparar com os resultados da proposta de situação futura da sua nova linha de produção e adequar às suas necessidades. Infelizmente, esta tese não abordou as questões financeiras que podem mostrar uma melhoria significativa para implementar Lean nos cenários futuros propostos. Por outro lado, Evenort pode aumentar o número de máquinas de perfuração e de fresagem e de um operador suplementar para aumentar a produção e reduzir a utilização, de modo a atingir o objetivo principal da implementação Lean e a alcançar o seu objetivo.

4.2 Resultados do inquérito e debate

Os resultados foram analisados após a recolha dos dados e são apresentados nos Apêndices 13 e 14 para as primeiras 8 perguntas e na Tabela 2 para as restantes 20 perguntas. Neste capítulo, os resultados serão discutidos. Começando com as primeiras 8 perguntas, por serem perguntas normais. Em seguida, este capítulo continuará a discutir os resultados das restantes 20 perguntas que utilizaram o formato de pontos múltiplos.

A maioria dos inquiridos afirmou que a organização Evenort tem vindo a utilizar o princípio Lean em alguma parte da área de produção, o que começou há 2 anos, mais concretamente, em agosto de 2009. Consequentemente, é necessário alertar para o facto de que alguns trabalhadores devem ter um conhecimento prévio dos princípios Lean.

No entanto, 40% dos trabalhadores da Evenort consideram que o seu programa Lean é gerido de forma eficaz e 6% de forma muito eficaz, enquanto que os restantes 20% concordam que não é muito eficaz (ver Anexo 17-Q3). Por outro lado, a maioria dos trabalhadores do Evenort considera que existem ineficiências substanciais na fábrica do Evenort que poderiam ser reduzidas em 60%. Consequentemente, os trabalhadores da organização Evenort acreditam que a implementação efectiva do método Lean na organização Evenort é necessária (ver Apêndice 17-Q4).

É notável que ainda cerca de 20% dos inquiridos do Evenort pensem que o método Lean é um método para reduzir o número de efectivos. Basicamente, as ferramentas Lean "podem ser utilizadas para analisar as redundâncias", mas o conceito Lean de Lean consiste em utilizar esses recursos para desenvolvimento e incremento adicionais. Além disso, é interessante o facto de apenas 53,33% acreditarem que o Lean é uma forma de criar novos trabalhos e negócios. O principal objetivo do Lean é reduzir o tempo, como já foi referido, sendo notável que alguns inquiridos ainda não se aperceberam totalmente da probabilidade e da ideia da implementação do Lean. Além disso, 46,67% dos inquiridos pensam que o método Lean é uma filosofia de gestão totalmente integrada que constitui o pressuposto para o sucesso e a sustentabilidade. É claramente necessário aumentar a compreensão dos conceitos e da metodologia Lean para se poder alcançar esse sucesso (ver figura 18 e Q5 - ver Apêndice 17)

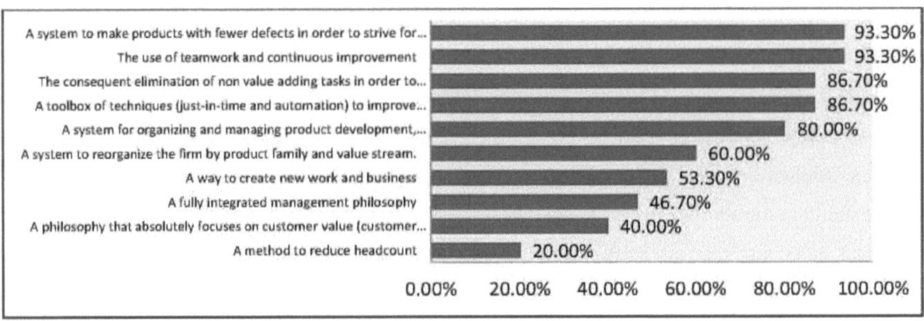

Figura 18: Associações com o Lean

A pergunta 6 foi elaborada com o objetivo de avaliar a capacidade dos funcionários da Evenort para descreverem conclusões para toda a organização. Como mostram as figuras 19 e 20, a comparação entre os resultados do inquérito e os do inquérito de Wheatley (Wheatley, 2005) é bastante semelhante. Ahrens, T., (2006) supõe que "como Wheatley tira conclusões a partir de 200 inquiridos, o seu inquérito é talvez mais preciso". No entanto, o inquérito de Wheatley indica que a principal razão para a implementação do conceito Lean é a "pressão contínua para melhorar o desempenho operacional", com 85% (Ahrens, T., 2006), ao passo que na Evenort a percentagem é de 67%. Por outro lado, os inquiridos da Evenort referiram que "manter a vantagem competitiva em termos de preço e de serviço" é a principal razão para a aplicação do método Lean.

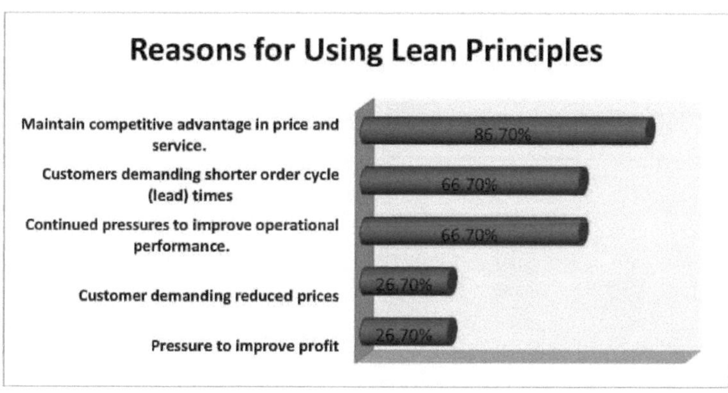

Figura 19: Razões para a utilização dos princípios Lean

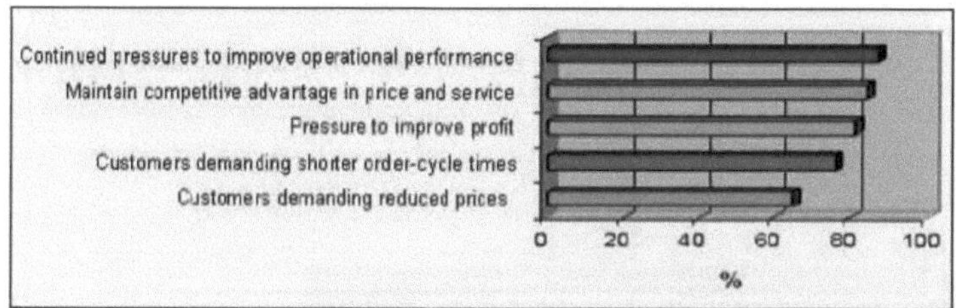

Figura (20): Os 5 principais factores empresariais para a adoção do método Lean (Wheatley, 2005)

Não é nada apelativo verificar que 27% dos inquiridos referem que os seus clientes não estão a impulsionar os seus esforços lean exigindo preços reduzidos. Ahrens, T., (2006) considera que "as empresas devem perguntar-se sempre quanto é que o cliente está disposto a pagar e, em seguida, reduzir automaticamente o desperdício para oferecer um preço competitivo". No entanto, é bastante interessante verificar que 67% dos inquiridos do Evenort mencionaram que os clientes exigem tempos de ciclo de encomenda mais curtos (figura 19 e Q6 - ver Anexo 18).

A pergunta seguinte (7) foi definida para representar quais dos inquiridos podem ter sucesso na implementação do método Lean e quais não. Como resultado dos dados, pode ser utilizada como um fator crítico de sucesso da implementação do sistema Lean. De facto, apenas 7% dos inquiridos estão "Totalmente satisfeitos" com a sua implementação Lean e 53% estão "Parcialmente satisfeitos". Estes resultados mostram que a Evenort apoia a ideia de que é necessário implementar o Lean na sua organização, mas é necessário desenvolver os conhecimentos dos seus trabalhadores sobre o Lean (ver figura 21). Relativamente aos resultados do cumprimento das expectativas, ambos os conjuntos de dados têm uma média (3 versus 2,61) que se situa entre "Cumprido" (valor 3) e "Parcialmente cumprido" (valor 4) (ver também o Anexo 18-Q7).

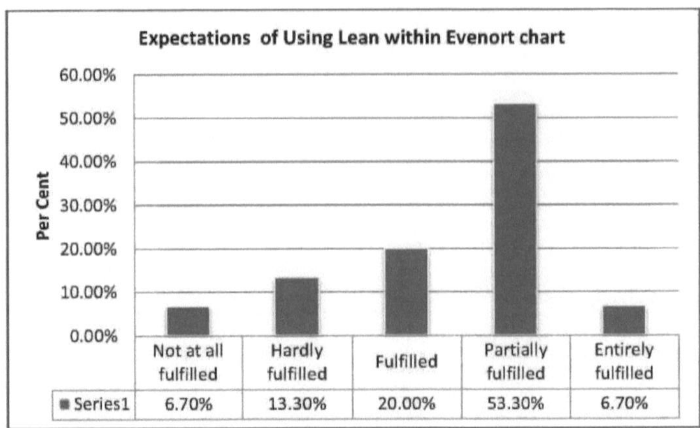

Figura 21: Cumprimento das expectativas na pergunta 7

O objetivo desta pergunta é determinar que ferramentas são familiares e utilizadas pelos inquiridos do Evenort. Obviamente, o inquérito mencionou que os inquiridos do Evenort selecionam o mapeamento do fluxo de valor e os 5s como as principais ferramentas que utilizam na empresa (ver Figura 22 e Q8- Anexo 18 para mais pormenores)

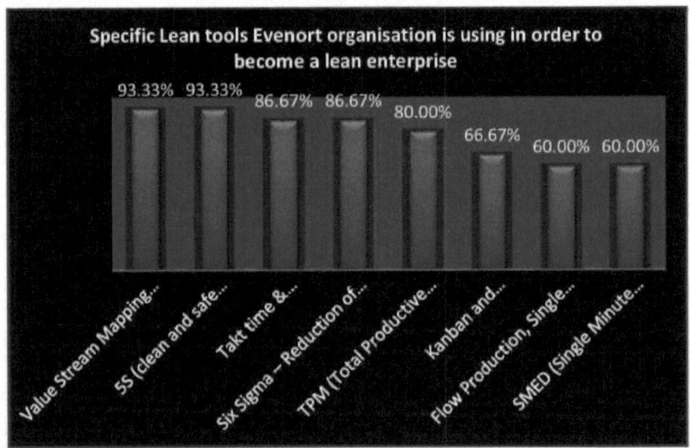

Figura 22: Ferramentas Lean específicas que a organização Evenort está a utilizar para se tornar uma empresa Lean

Para além disso, o VSM é a única das três ferramentas que ganhou taxa de utilização em todo o valor, incluindo o seu cliente, em 7%, enquanto o fluxo único e o Kanban têm a mesma taxa (ver Anexo 14). Como o VSM é normalmente a primeira ferramenta a ser utilizada, uma investigação mais aprofundada poderá identificar se a aplicação das outras ferramentas se seguirá. Além disso, os 5S obtiveram a taxa mais elevada de utilização em toda a organização (53%). No entanto, as principais ferramentas que a Evenort não utiliza eficazmente são o Single Piece Flow e a "SMED-

Setup time reduction", com um total de 60%, e o "Kanban e standardized material buffers", com 67%.

A segunda parte do inquérito utilizou a análise SPSS para a fiabilidade das 20 perguntas das últimas cinco secções. Os alfas de Cronbach normalizados variam entre um mínimo de 0,70 e um máximo de 0,973. Uma vez que todos os itens foram formulados de forma positiva no que se refere às questões relacionadas com o Lean, uma pontuação média <2,5 (uma vez que 3=neutro) implica uma resposta desejável, enquanto uma pontuação média de 3 ou mais é considerada desfavorável (Sim, K., e Rogers, J., 2009).

Nove das vinte perguntas têm pontuações médias de <2,5. Em particular, a pontuação média para toda a secção 2, que está relacionada com a liderança, com uma escala média global de 2, o que significa que a maioria dos inquiridos concordou (ver Quadro 3 abaixo). A secção relativa às empresas indica 2 e 2,27, respetivamente, para os dois itens "A nossa empresa precisa de ferramentas Lean para competir num ambiente global" e que a Evenort está a trabalhar arduamente para eliminar os desperdícios e atingir os objectivos e metas da empresa, o que mostra que os inquiridos concordam totalmente com esta filosofia Lean. Além disso, a maioria dos inquiridos concordou com o facto de a empresa utilizar as competências dos trabalhadores experientes para formar os novos trabalhadores, com uma média de 2,27 (ver Quadro 3).

No entanto, os inquiridos não se sentem muito bem em relação ao seu conhecimento dos princípios Lean e das suas ferramentas, pelo que precisam de melhorar os seus conhecimentos através de uma formação em sala para partilharem informações e conhecimentos positivos sobre a aplicação do Lean. Especificamente, o inquirido discordou totalmente da questão "A empresa recompensa as pessoas que trabalham arduamente para trazer as ferramentas e a cultura lean para a área", que obteve a pontuação média mais elevada, com 3,33. Isto significa que a Evenort deve melhorar o seu sistema de recompensas para incentivar os trabalhadores a trabalharem arduamente no âmbito da implementação da metodologia Lean (ver Quadro 3).

Nas restantes secções, os inquiridos discordam das condições de comunicação e da segurança no emprego e obtiveram a pontuação média global mais elevada, com 2,82 e 2,6, respetivamente. A gestão da comunicação com o pessoal da fábrica revela uma falta de comunicação efectiva. Além disso, discordam do facto de o sistema Lean ser uma forma de aumentar a segurança no emprego. Os trabalhadores da Evenort estão sobretudo preocupados com a perda de postos de trabalho no âmbito do projeto de aplicação do método Lean e com a diminuição do moral dos trabalhadores, que, de um modo geral, não estão dispostos a dar o seu melhor no seu trabalho (ver quadro 3).

Quadro 3: Análise da escala de fiabilidade SPSS

Reliability Statistics		
Number of Items	Cronbach's Alpha	Cronbach's Alpha Based on Standardized Items
20	.972	.973

Scale Statistics			
N of Items	Mean	Variance	Std. Deviation
20	50.60	217.829	14.759

Item Statistics				
	N	Mean	Average Mean	Std. Deviation
Q9	15	2.00	2.57	1.000
Q10	15	2.27		.961
Q11	15	3.33		.900
Q12	15	2.67		.816
Q13	15	2.13	2.08	1.125
Q14	15	1.93		.884
Q15	15	1.93		.799
Q16	15	2.33		1.113
Q17	15	2.47	2.58	.990
Q18	15	2.47		.834
Q19	15	2.53		.990
Q20	15	2.87		.990
Q21	15	3.00	2.82	.926
Q22	15	2.67		.976
Q23	15	2.80		.775
Q24	15	2.80		.941
Q25	15	2.93	2.60	.704
Q26	15	2.67		.816
Q27	15	2.27		.704
Q28	15	2.53		.834

Summary Item Statistics							
	Mean	Minimum	Maximum	Range	Maximum / Minimum	Variance	N of Items
Item Means	2.530	1.933	3.333	1.400	1.724	.141	20
Item Variances	.830	.495	1.267	.771	2.558	.047	20
Inter-Item Correlations	.641	.260	.943	.684	3.633	.017	20

Como resultado da análise dos dados, surgiram questões importantes e sugestões significativas para que o sistema Lean possa ser implementado com êxito. Por exemplo, os trabalhadores compreendem perfeitamente as vantagens da abordagem "lean" e das suas ferramentas na sua atividade. Além disso, a maioria dos trabalhadores da Evenort também está ciente de que o sistema Lean pode levar a empresa a ser mais eficiente e dos benefícios que pode obter. A organização

Evenort precisa de desenvolver os conhecimentos dos seus funcionários relativamente à implementação do Lean, proporcionando-lhes cursos de formação de alto nível para clarificar o conceito e o objetivo da filosofia Lean durante o seu trabalho.

No entanto, todas estas vantagens perderam-se devido à falta de comunicação e de apoio da direção. A maioria dos trabalhadores da Evenort queixa-se da falta de motivação e de recompensa dos seus quadros superiores quando apoiam as iniciativas Lean. A gestão de topo deve também dar aos trabalhadores da fábrica a confiança necessária para efetuar mudanças na sua organização, eliminando o fosso de comunicação com os trabalhadores e partilhando as melhores práticas e as suas ideias para os encorajar a representar mais, dando-lhes feedback com as suas ideias para serem organizados e valorizados. Ao compreender estas questões, a Evenort poderá ser bem sucedida na aplicação dos princípios lean. Especificamente, a organização Evenort tem falta de perceção da segurança do emprego. Os trabalhadores não estão convencidos de que o seu emprego será melhorado e mais seguro se apoiarem a iniciativa Lean na organização. A maioria dos trabalhadores não considera que o sistema Lean lhes proporcione segurança no emprego, o que provocou ressentimento e resistência no seu trabalho.

Um número significativo de barreiras que Evenort poderia enfrentar, a forma de implementar Lean e os factores críticos de sucesso podem ser encontrados no capítulo dois com a revisão da literatura para ajudar Evenort a planear a sua implementação Lean com sucesso.

Como a fase de implementação Lean foi descrita no segundo capítulo, a "Metodologia 5S" 6S deve ser utilizada eficazmente para reorganizar o chão de fábrica e tornar a organização mais fácil de processar o mapeamento e identificar os desperdícios. Ao fazê-lo, o VSM pode ser utilizado para identificar o tempo de espera, o valor não acrescentado, o desperdício, o erro e a duplicação; por conseguinte, utilizando a metodologia dos 7 desperdícios para definir o verdadeiro desperdício com o processo e não acrescentando valores ao cliente.

Capítulo 5

5. Recomendação:

Para alcançar todos os benefícios e o sucesso da implementação do princípio lean na nova linha de produção da Evenort, há um número significativo de recomendações que foram mencionadas neste capítulo.

Como as barreiras que as PMEs têm sido descritas no capítulo dois, a Evenort deve ter cuidado com as barreiras que podem ocorrer e aplicar os factores críticos de sucesso para alcançar o sucesso na implementação dos princípios Lean. Rose, A., et al., (2011) afirmaram que a procura de elevada qualidade aumentou nas grandes organizações, o que não deixou qualquer margem de manobra para as PME considerarem a implementação Lean. No entanto, as PME têm algumas vantagens; por exemplo, são mais ágeis e podem obter mais apoio e empenho da gestão do que as grandes empresas.

A empresa Evenort deve efetuar mais estudos e investigações sobre a forma de reestruturar a disposição e a localização do seu processo de produção. Os factores qualitativos, tais como a adaptabilidade humana, a facilidade de excesso e o ambiente empresarial, são os factores-chave para garantir que o funcionamento da Evenort possa decorrer sem problemas. Um outro critério principal a ter em consideração é a disponibilidade de espaço no terreno para que a Evenort possa criar a nova linha de produção no local correto.

A modelação por simulação requer mais investigação para estudar os benefícios financeiros que a Evenort pode obter com a implementação do Lean. No entanto, a presente tese realizou a modelação por simulação para avaliar os benefícios Lean a implementar e não foi totalmente considerada como os principais resultados desta investigação.

Capítulo 6

6. Conclusão e limitações:

Os resultados deste estudo demonstram que a organização Evenort necessita de implementar o Lean de forma eficaz, uma vez que a maioria dos trabalhadores acredita na filosofia Lean. No entanto, os trabalhadores da Evenort necessitam de uma formação sobre a operação Lean para estarem plenamente informados sobre a capacidade, o conceito e o objetivo da implementação Lean. Além disso, poderão saber quais as vantagens que podem ser obtidas com esta nova filosofia. Além disso, os trabalhadores precisam de saber utilizar as ferramentas adequadas na sua organização e necessitam de apoio total da gestão de topo para os encorajar a apresentar e partilhar as suas ideias com os gestores seniores.

Além disso, a maior parte dos trabalhadores da Evenort queixa-se do sistema de recompensas da sua direção para os incentivar a aplicar uma nova metodologia no seu próprio ambiente. Isto significa que a Evenort necessita de desenvolver este tipo de sistema de recompensa para aumentar a sua motivação para trabalhar arduamente, o que conduzirá ao êxito da sua aplicação da metodologia "lean". Para além disso, o departamento de gestão deve desenvolver a comunicação com os trabalhadores da fábrica, uma vez que esta é essencial para a aplicação da metodologia Lean. Além disso, Evenort precisa de ter uma missão e uma visão claras, que devem ser fornecidas pelo líder do projeto Lean, que tem de estimar a duração do plano, o tempo, o custo, as actividades de ação e o prazo de execução de todo o projeto (rever o QCA, capítulo 2).

Além disso, a organização Evenort tem falta de perceção da segurança do emprego. Os trabalhadores não estão convencidos de que o seu emprego será melhorado e mais seguro se apoiarem a iniciativa Lean na organização. A maioria dos trabalhadores não considera que a iniciativa Lean lhes proporcione segurança no emprego, o que provocou ressentimento e resistência no seu trabalho.

Por outro lado, existem várias limitações determinadas nesta tese. Em primeiro lugar, todos os departamentos e funcionários devem ser envolvidos nas perguntas do inquérito, que podem dar uma visão geral sobre a sua situação atual de implementação do Lean. Em segundo lugar, a principal limitação desta tese é a preocupação com uma das PME (apenas a Evenort). Em geral, é assim limitada, mas a tese representa as principais barreiras e desafios que podem ter impacto no projeto de implementação Lean numa PME.

No entanto, a principal limitação deste software é o facto de a sua versão para estudantes ter sido utilizada com o software Arena. Por conseguinte, o "jogo de simulação" é de alguma forma limitado devido ao grande número de entidades criadas. Para além disso, os lucros financeiros não foram simulados para representar resultados mais vantajosos para a Evenort no âmbito da implementação Lean. Além disso, os benefícios da redução de custos deveriam ser enormes, incluindo os custos de transporte, de embalagem e de recursos.

A implementação Lean é uma "reforma revolucionária de todos os processos e hábitos de trabalho na empresa" (Pingyu e Yu 2010). A fim de desenvolver a organização e implementar o Lean com sucesso, as PMEs devem tomar medidas para a participação dos gestores de topo, melhorar a comunicação entre os departamentos, desenvolver um plano de cursos de formação eficaz para os funcionários e estabelecer um sistema de recompensa para os funcionários.

Referência

Abdulmalek, F. A., e Rajgopal, J., (2007), *"Analyzing the benefits of Lean manufacturing and value stream mapping via simulation: A process sector case study"*, 107 (1), pp. 223-236

Achanga, P., Shehab, E., Roy R. e Nelder, G., (2006), *"Critical success factors for Lean implementation within SMEs"*, Journal of Manufacturing Technology Management, 17 (4), pp. 460-471, Emerald Group Publishing Limited.

Ahrens, T., (2006), *"Lean production: Successful implementation of organisational change in operations instead of short term cost reduction efforts"*, Lean Alliance® GmbH, [online], Último acesso em 10 de setembro de 2011 em: http://www.lean-alliance.com/en/images/pdf/la_lean_survey.pdf

Awad, E. M., e Ghaziri, H. M., (2007), *"Knowledge management"*, 1ª ed., Índia, Dorling Kindersley

Bamber, L. e Dale, B.G. (2000), *"Lean production: a study of application in a traditional manufacturing environment"*, Production Planning & Control, 11 (3), pp. 291-298.

Bayraktar, E., Jothishankar, M.C., Tatoglu, E., e Wu, T., (2007), *"Evolution of operations management: past, present and future"*, Management Research News, 30 (11), pp. 843-871, Emerald Group Publishing Limited

Bhasin, S., (2008), *"Lean and performance measurement"*, Journal of Manufacturing Technology Management, 19 (5), pp. 670-684, Emerald Group Publishing Limited.

BIS, (2010), *"Small and Medium-sized Enterprise Statistics for the UK and Regions"*, [em linha], último acesso em 7 de setembro de 2011 em: http://stats.berr.gov.uk/ed/sme/

Breyfogle, F.W., (1999), *"Implementing six sigma: smarter solutions using statistical methods"*, John Wiley & Sons

Brown, B., Collins, T., e McCombs, E., (2006), *"Transformation from batch to Lean manufacturing: the performance issues"*, Engineering Management Journal, 18 (2), pp. 3-13

Brown, K., (2007), *"Lean manufacturing - the journal with no end - a case study"*, tese de MBA em Gestão Industrial, Faculdade de Artes, Informática, Engenharia e Ciências, Universidade de Sheffield Hallam.

CONCLUSÃOConti, R., Angelis, J., Cooper, C., Faragher, B., e Gill, C., (2006), *"The effects of Lean production on worker job stress"*, International Journal of Operations & Production Management, 26(9), pp.1013-1038, Emerald Group Publishing Limited

Dankbaar, B., (1997), *"Lean production: negação, confirmação ou extensão da conceção de sistemas sociotécnicos?"* Human Relations, 50(5), pp. 567-585, The Tavistock Institute

Delgado, C., Ferreira, M., e Branco, M. C., (2010), *"A implementação do Lean Six Sigma em organizações de serviços financeiros"*, Journal of Manufacturing Technology Management, 21 (4), pp. 512-523, Emerald Group Publishing Limited.

Denton, P.D. e Hodgson, A. (1997), *"Implementing strategy-led BPR in a small manufacturing company"*, documento apresentado na Quinta Conferência Internacional sobre FACTORY 2000 - The Technology Exploitation Process Conference Publication No. 435, pp. 1-8.

Dudek-Burlikowska, M., (2009), *"The Poka-Yoke method as an improving quality tool of operations in the process"*, Journal of achievements in materials and manufacturing engineering, 36 (1), pp. 95-102

Duguay, C. R., Landry, S., e Pasin, F., (1997), *"From mass production to flexible/agile production"*, International Journal of Operations & Production Management, 17 (12), pp. 1183-1195, MCB University Press.

Dunstan, K., Lavin, B. e Sanford, R. (2006), *"The application of Lean manufacturing in a mining environment"*, Actas da Conferência Internacional de Gestão de Minas, 6-18 de outubro de 2006, Melbourne, pp. 145-157, [em linha], último acesso em 5 de setembro de 2011 em: http://www.scribd.com/doc/36163417/Lean-in-Mining

Evenort Ltd. Sítio Web oficial da empresa, (2011), *"About Evenort"*, [em linha], último acesso em 7 de agosto de 2011 em: http://www.evenort.co.uk/about

Fillingham, D., (2007), *"Viewpoint: Can Lean save lives?"*, Journal of Leadership in Health Services, 20 (4), pp. 231-241, Emerald Group Publishing Limited.

Forrester, R., (1995), *"Implications of Lean manufacturing for human resource strategy"*, Work Study Journal, 44(3), pp. 20-24, MCB University Press.

Gurumurthy, A., e Kodali, R., (2011), *"Design of Lean manufacturing systems using value stream mapping with simulation-A case study"*, Journal of Manufacturing Technology Management, 22 (4), pp. 444-473, Emerald Group Publishing Limited

Hayes, B.J. (2000), *"Assessing for Lean Six Sigma Implementation and Success"*, Six Sigma - Quality Resources for Achieving Six Sigma Results, [em linha]. Último acesso em 3 de agosto de 2011 em:

http://www.isixsigma.com/index.php?option=com_k2&view=item&id=753:asses sing-for-lean-six-sigma-implementation-and-success&Itemid=182

Herron, C., e Hicks, C., (2007), *"The transfer of selected Lean manufacturing techniques from Japanese automotive manufacturing into general manufacturing (UK) through change agents"*, Robotics and Computer- Integrated Manufacturing, 24 (4), pp. 524-531, Elsevier Ltd.

Hines, P., Holweg, M., e Rich, N., (2004), *"Learning to evolve: A review of contemporary Lean thinking"*, International Journal of Operations & Production Management, 24 (10), pp. 994-1011,

Emerald Group Publishing Limited

Holland, C. P., e Light, B., (1999), *"A Critical Success Factors Model For ERP Implementation"*, 16 (3), pp 30-36, IEEE Computer Society.

Howe, K., e Eisenhart, M., (1990), *"Standards for Qualitative (and Quantitative) Research: A Prolegomenon"*, Educational researcher, 19 (4), pp. 2-8.

Jackson, T.L., e Jones, K.R., (1996*), "Implementing A Lean Management System"*, Productivity Press Inc

Katayama, H., e Bennett, D., (1996), *"Lean production in a changing competitive world: a Japanese perspective"*, International Journal of Operations & Production Management, 16 (2), pp. 8-23, MCB University Press.

Kippenberger, T, (1997). *Aplicar o pensamento Lean a um fluxo de valor para criar uma empresa Lean"*, 2(5), pp. 11-14.

Krajewski, L., Ritzman, L., e Malhotra, M., (2009), *"Operations Management"*, 9ª Ed., representante da Pearson Higher Education.

Lee, Q., (2003), *"Implementing Lean Manufacturing - Imitation to innovation*", Consultants Engineers Strategies, Strategos Inc., 2 de dezembro de 2003, [em linha], Último acesso em 10 de agosto de 2011 em:

http://practicalprocessimprovementct.com/lean/Implement%20Lean.pdf

Lian, Y.-H., and Landeghem, H. V., (2002) , *"An application of simulation and value stream mapping in Lean manufacturing"*, Department of Industrial Management, Ghent University, Proceedings 14th European Simulation Symposium, A. Verbraeck, W. Krug, eds. (c) SCS Europe BVBA.

Motwani, J., (2003), *"A business process change framework for examining Lean manufacturing: a case study"*, Journal of Industrial management and data systems, 103 (5), pp. 339-346, MCB UP Ltd.

Oakland, J. (1999), *"Statistical Process Control"*, 4ª ed., Oxford: Butterworth-Heinemann

Ohno, T., (1988), *"Toyota Production System, Beyond Large-Scale Production"*, Productivity Press, Portland, Oregon, EUA.

Pingyu, Y., e Yu, Y., (2010), *"The Barriers to SMEs' Implementation of Lean Production and Countermeasures Based on SMS in Wenzhou"*, International Journal of Innovation, Management and Technology, 1 (2), pp. 220-225, International Associate of Computer Science and Information Technology (IACSIT)

Pollitt, D., (2006), *"Culture change makes Crusader fit for the future"*, Human Resources Management international Digest, 14 (2), pp. 11-14, Emerald Group Publishing Limited.

Reeb, J. E., e Leavengood, S., (2010), *"Introduction to Lean Manufacturing"*, Oregon State University, Extension Service , [em linha], último acesso em 25 de agosto de 2011 em:

http://ir.library.oregonstate.edu/xmlui/bitstream/handle/1957/19023/ec1636.pdf? sequence=1

Rose, A., Deros, B., Rahman, M., e Nordin, N., (2011), *"Lean manufacturing best practices in SMEs"*, Conferência Internacional sobre Engenharia Industrial e Gestão de Operações, Universidade Kebangsaan Malásia, Kuala Lumpur, 22 - 24 de janeiro de 2011, [em linha], último acesso em 20 de agosto de 2011 em: http://www.iieom.org/ieom2011/pdfs/IEOM134.pdf

Sabel, C., e Zeitlin, J., (1985), *"Historical Alternatives to Mass Production: Politics, Markets and Technology in Nineteenth Century Industrialization"*, Past and Present Society, n.º 108, pp144-176

Safayeni, F., Purdy, L., van Engelen, R. e Pal, S. (1991), *"Difficulties of justin-time implementation: a classification scheme"*, International Journal of Operations & Production Management, 2 (7), pp. 27-36.

Saunders, M., Lewis, P., Thornhill, A., (2003), *"Research Methods for Business Students"*, 3ª Ed., Prentice Hall.

Sharma, U., (2003), *"Implementing Lean principles with the Six Sigma advantage: How a battery company realized significant improvements"*, Journal of organisational Excellence, 22(3), pp. 43-52

Sim, K. L., e Rogers, J. W., (2009), *"Implementing Lean production systems: barriers to change"*, 32 (1), pp. 37-49, Emerald Group Publishing Limited

Singh, B., Garg, S.K., e Sharma, S.K., (2009) , *"Reflective Practice: Lean can be a survival strategy during recessionary times"*, International Journal of Productivity and Performance Management, 58 (8), pp. 803-808, Emerald Group Publishing Limited

Sohal, A. S., (1996), *"Developing a Lean production organization: an Australian case study"*, International Journal of Operations & Production Management, 16 (2), pp. 91-102.

Sullivan, W. G., McDonald, T. N., Van Aken, E. M., (2002), *"Equipment replacement decisions and Lean manufacturing"*, Journal of Robotics and Computer Integrated Manufacturing, 18 (3-4), pp. 255-265, Elsevier Science Ltd.

Taj, S., (2005), "Applying Lean assessment tools in Chinese hi-tech industries", Management Decision, 43 (4), pp. 628-643, Emerald Group Publishing Limited

Taj, S., (2008), *"Lean manufacturing performance in China: assessment of 65 manufacturing plants"*, Journal of Manufacturing Technology Management, 19 (2), pp. 217-234, Emerald Group Publishing Limited.

Tapping, D., Luyster, T., e Shuker, T., (2002), *"Value stream management : eight steps to planning, mapping, and sustaining Lean improvements"*, Nova Iorque : Productivity.

Thomas, A., Barton, R. e Chuke-Okafor, C., (2009), *"Applying Lean six sigma in a small engineering company - a model for change"* Journal of Manufacturing Technology Management, 20 (1), pp. 113-129, Emerald Group Publishing Limited.

Trietsch, D., (1992), *"Some Notes on the Application of Single Minute Exchange of Die (SMED)"*, NAVAL POSTGRADUATE SCHOOL, Monterey, California, [em linha], Último acesso em 27 de agosto de 2011 em: http://www.dtic.mil/cgi-

bin/GetTRDoc?AD=ADA255893&Location=U2&doc=GetTRDoc.pdf

Turban, E., Volonino, L., McLean, E., e Wetherbe, J., (2008), *"Information Technology for Management-Transforming Organisations in the Digital Economy"*, 5ª Ed., EUA, John Wiley & Sons, Inc.

Wheatley, M., (2005), *"Think lean for the long term: IT can make the journey smoother, but not without corporate commitment"*, Manufacturing Business Technology, 23 (6), pp. 36 - 38.

Wilson, L., (2010), *"How to Implement Lean Manufacturing"*, McGraw-Hill Companies, Inc., Nova Iorque.

Womack, J., Jones, D. e Ross, D. (1990), *"The Machine that Changed the World"*, Rawson Associates, Nova Iorque, NY.

Womack, J. e Jones, D. (1996), *"Lean Thinking: Banish Waste and Create Wealth in Your Corporation"*, Simon & Schuster, Nova Iorque, NY.

Worley, J.M., e Doolen, T.L., (2006), *"The role of communication and management support in a Lean manufacturing implementation"*, Management Decision, 44 (2), pp. 228-245, Emerald Group Publishing Limited.

Apêndices

Apêndice 1:

A) Lean House:

A House of Lean foi criada para ser utilizada pelos implementadores das organizações com base nas suas necessidades. A House of Lean representa as ferramentas que podem ser utilizadas para atingir os objectivos da organização na implementação do Lean. A Casa do Lean é um bom resumo para todo o pessoal da organização sobre a ferramenta e a técnica corretas que podem ser utilizadas na sua implementação. O gestor do projeto Lean pode identificar a ferramenta necessária para ser utilizada e ajudar os outros funcionários, que serão os membros da equipa do projeto, a compreender e a classificar a ferramenta e a técnica a utilizar (Wilson, L., 2010).

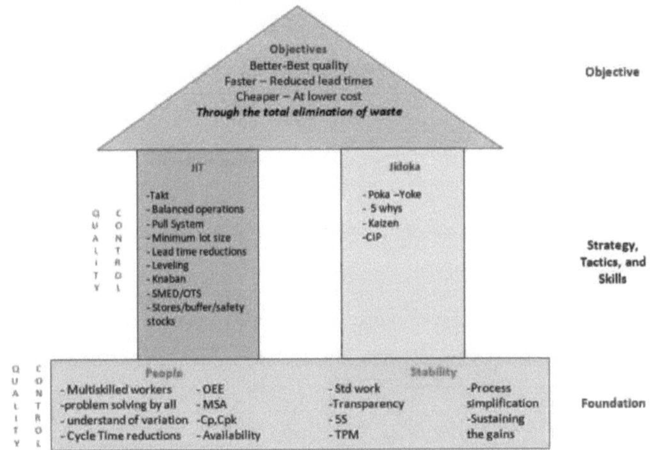

Figura !!! : House Of Lean. Fonte: (Wilson, L., 2010)

B) Cinco S (5S):

Tabela 1: 5S em japonês e inglês Palavras e suas descrições (Wilson, L., 2010)

Palavra japonesa original do 5S	Palavra traduzida de 5S para inglês	Descrição
Seiri	Ordenar	Separar necessário de
Seiton	Endireitar	Colocar um lugar para
Seiso	Brilho	Limpo e brilhante
Seiketsu	Normalizar	Incorporar no aceite
Shitsuke	Sustentar	Disciplina para garantir

Apêndice 2:

A) BICs Improvement Cycles Description:

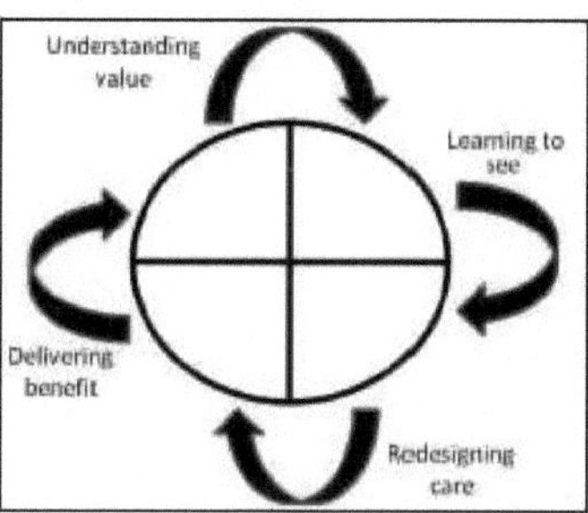

Fillingham, D., (2007) has gave more detailed about the BICS cycle. Understand the value through the eyes of the patient is the first stage BICS cycle. It gives the ability to identify what is value added then seek to carry off the non-value added steps. It has been done by the direct observation via the questionnaires, interviews, patient diaries and focus group. The goal of this stage is to review the process and the requirements from the patient's point of view as in the case of the trauma service things like pain relief, find the dull information and details, hygiene and protection against infection.

The second stage is Learning to see which is all about understanding where is the waste in the processes. By identify the 7 wastes, and arrange the place to be easy to identify the wastes by using 6S and that led to fewer clinical incidents, fewer medication errors and higher staff morale. Next, is Redesigning care is the third stage which create the adjust Lean methodology for a healthcare setting and change from push to pull of the patients through the process. Fixed up in a deliberate order of implementation this logic is by using the visual management which explained in more details in Appendix 3 (Fillingham, D., 2007).

Delivering benefit is the final stage in the BICS cycle which is to close the loop by making sure the changes really benefit the hospital. The key is to be clear at the outset about aims whether these be for reductions in mortality, improvements in productivity or increases in patient satisfaction (Fillingham, D., 2007).

B) Sociotechnical Systems (STS)

Trico realized the benefits of simultaneously optimizing its technical system and social system. They directly create a multidisciplinary support team to evaluate the basics of STS and suggest the guide for implement the STS system. The STS requirements are many; such as, build multifunction team, restructure the engineering support group and used them to create ideas and products from commencement, then make it easier to produce by eliminate the challenges of the operation, decrease the lead time between the processes of the new products, and generate the products with fully developed and tested perfectly with a good result; thus, have all the new products on timely for market needs. However, the STS aim let all support group members maximum access for changing and build the people and product structure, and by implement all the recognise the structure of the engineering support group lead to achieve all the expecting results (Sohal, A., 1996).

Apêndice 3:

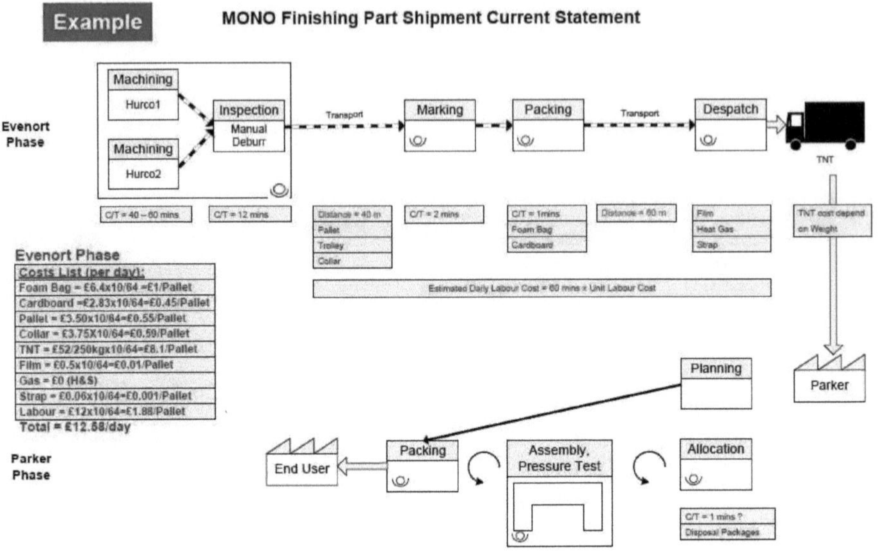

Example
MONO Finishing Part Shipment Current Statement
Evenort Phase
Machining
Hurco1
Machining
Hurco2
Inspection
Manual Deburr
Transport
Marking
Packing
Transport
Despatch
TNT
C/T = 40 – 60 mins
C/T = 12 mins
Distance = 40 m
Pallet
Trolley
Collar
C/T = 2 mins
C/T = 1mins
Foam Bag
Cardboard
Distance = 60 m
Film
Heat Gas
Strap
TNT cost depend on Weight
Estimated Daily Labour Cost = 60 mins x Unit Labour Cost
Evenort Phase
Costs List (per day):
Foam Bag = £6.4x10/64 =£1/Pallet
Cardboard =£2.83x10/64=£0.45/Pallet
Pallet = £3.50x10/64=£0.55/Pallet
Collar = £3.75X10/64=£0.59/Pallet
TNT = £52/250kgx10/64=£8.1/Pallet
Film = £0.5x10/64=£0.01/Pallet
Gas = £0 (H&S)
Strap = £0.06x10/64=£0.001/Pallet
Labour = £12x10/64=£1.88/Pallet
Total = £12.58/day
Planning
Parker
Parker Phase
End User
Packing
Assembly, Pressure Test
Allocation
C/T = 1 mins ?
Disposal Packages

Apêndice 4:

HurcoCell Part Data (04.01-17.05.2011) 5/18/2011 17:16

			Main Process										
No	**PartNo**	**Material**	**Sawing**	**CNC Turning - Blank**	**Hurco Milling & Drilling**	**CycleTime**	**CTAF**	**OrderQty**	**OrderDate**	**RequireDate**	**Despatch**	**DespatchDate**	**Despatch Qty**
1	MFH120B8F300BDY	Forge		□	•	37	0.62	43	8-Mar-11	22-Mar-11	E98400	5-Apr-11	25
											E98415	6-Apr-11	18
2	MFH120B8F600BDY	Forge			•	40	0.67	66	8-Mar-11	22-Mar-11	E98458	7-Apr-11	30
											E98479	8-Apr-11	23
											E98489	11-Apr-11	13
3	MFH130B12F150PNBDY	Forge		□	•	44		40	19-Jan-11	11-Feb-11	E97673	18-Feb-11	40
4	MFH130B12F300PNBDY	Forge			•	44	0.73	80	19-Jan-11	11-Feb-11	E97648	17-Feb-11	46
											E97752	23-Feb-11	34
								103	8-Mar-11	23-Mar-11	E98110	18-Mar-11	35
											E98268	29-Mar-11	24
											E98309	30-Mar-11	24
											E98330	31-Mar-11	20
5	MFH130B12F600PNBDY	Forge		□	•	47	0.78	90	19-Jan-11	11-Feb-11	E97487	9-Feb-11	45
											E97573	14-Feb-11	45
								139	8-Mar-11	23-Mar-11	E98110	18-Mar-11	47
											E98196	24-Mar-11	72
											E98245	28-Mar-11	12
											E98356	1-Apr-11	7
6	MFY100B8F1500V8BDY	Forge		□	•	54	0.90	39	8-Mar-11	22-Mar-11	E98565	13-Apr-11	32
											E98598	14-Apr-11	7
7	MFY100B8F1508R4RBDY	Forge			•	51		5	5-Apr-11	14-Apr-11	E98689	20-Apr-11	5
8	MFY100B8F6008R4RBDY	Forge		□	•	50		1	5-Apr-11	14-Apr-11	E98689	20-Apr-11	1
9	MFY120B24F300BDY	Forge			•	49	0.82	80	21-Feb-11	3-Mar-11	E97806	28-Feb-11	33
											E97853	2-Mar-11	47
								105	19-Apr-11	5-May-11	E98929	9-May-11	83
											E98939	10-May-11	22
								72	19-Apr-11	12-May-11	E98999	12-May-11	37
											E99054	16-May-11	36
10	MFY120B32F300BDY	Forge		□	•	45	0.75	70	21-Feb-11	3-Mar-11	E97945	8-Mar-11	59
											E97955	9-Mar-11	12
								129	19-Apr-11	5-May-11			
								64	19-Apr-11	11-May-11			
							Qty	**1126**				**Total**	**934**

Overall Time Period	time	4924800
Order Time Period	time	3110400

TAKT	4374	1.2 hr
TAKT	2762	0.8 hr

Apêndice 5:

EVENORT — **Hurco Cell Part Data (04. Jan.2011 - 17.May.2011)** — **Last Updated :** 18/05/2011

No	Part No.	Material	Main Process: Hurco Milling & Drilling	Cycle Time	CTAF	Order Qty	Order Date	Require Date	Dispatch Date	Time Required to produced and dispatch	Average Time Required / Order	Dispatch Qty
1	MFH120B8F300BDY	Forge 304/316	•	37	0.62	43	8-Mar-11	22-Mar-11	5-Apr-11	27	28	25
									6-Apr-11	29		18
2	MFH120B8F600BDY	Forge	•	40	0.67	66	8-Mar-11	22-Mar-11	7-Apr-11	28	30.333333	30
									8-Apr-11	30		23
									11-Apr-11	33		13
3	MFH130B12F150PNBDY	Forge	•	44	0.73	40	19-Jan-11	11-Feb-11	18-Feb-11	29	29	40
4	MFH130B12F300PNBDY	Forge	•	44	0.73	80	19-Jan-11	11-Feb-11	17-Feb-11	28	31	46
									23-Feb-11	34		34
						103	8-Mar-11		18-Mar-11	10	19	35
									29-Mar-11	21		24
									30-Mar-11	22		24
									31-Mar-11	23		20
5	MFH130B12F600PNBDY	Forge	•	47	0.78	90	19-Jan-11	11-Feb-11	9-Feb-11	20	22.5	45
									14-Feb-11	25		45
						139	8-Mar-11	23-Mar-11	18-Mar-11	10	17.25	47
									24-Mar-11	16		72
									28-Mar-11	20		12
									1-Apr-11	23		7
6	MFY100B8F1500VBBDY	Forge	•	54	**0.90**	39	8-Mar-11	22-Mar-11	13-Apr-11	35	35.5	32
									14-Apr-11	36		7
7	MFY100B8F150BR4RBDY	Forge	•	51		5	5-Apr-11	14-Apr-11	20-Apr-11	15	15	5
8	MFY100B8F600BR4RBDY	Forge	•	50		1	5-Apr-11	14-Apr-11	20-Apr-11	15	15	1
9	MFY120B24F300BDY	Forge	•	49	**0.82**	80	21-Feb-11	3-Mar-11	28-Feb-11	7	9	33
									2-Mar-11	11		47
						105	19-Apr-11	5-May-11	9-May-11	20	20.5	83
									10-May-11	21		22
						72	19-Apr-11	12-May-11	12-May-11	23	25	37
									16-May-11	27		36
10	MFY120B32F300BDY	Forge	•	45	**0.75**	70	21-Feb-11	3-Mar-11	8-Mar-11	17	17.5	59
									9-Mar-11	18		12
						193	19-Apr-11	11-May-11	******	******	******	******
					Qty	**1126**		**Total**			**314.6**	**934**
					Qtyavg	**75**		Day need from order to dispatch (No. of days for the 14 orders given)			**22.47 day**	66
								Will be in more detail in Appendix 8				

Overall Time Period	4924800	TAKT Time	5278
Order Time Period	3110400	TAKT Time	3334

Receiving Order Frequency

ORDERS	Orders Date	Frequency
1st	19-Jan-11	
2nd	19-Jan-11	0
3rd	19-Jan-11	0
4th	21-Feb-11	33
5th	21-Feb-11	0
6th	8-Mar-11	15
7th	8-Mar-11	0
8th	8-Mar-11	0
9th	8-Mar-11	0
10th	8-Mar-11	0
11th	5-Apr-11	28
12th	5-Apr-11	0
13th	19-Apr-11	14
14th	19-Apr-11	0
15th	19-Apr-11	0
Total		**105**
Days between Orders (Avg.)		7
more detail in Appendix 7		

Apêndice 6:

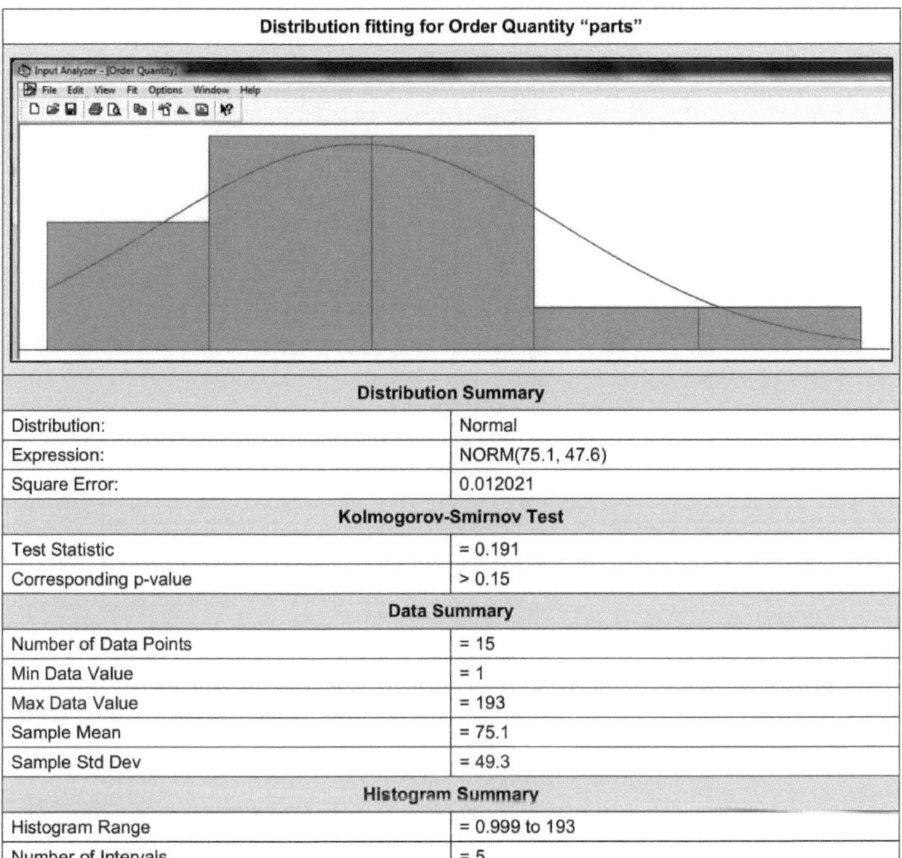

Distribution fitting for Order Quantity "parts"	
Distribution Summary	
Distribution:	Normal
Expression:	NORM(75.1, 47.6)
Square Error:	0.012021
Kolmogorov-Smirnov Test	
Test Statistic	= 0.191
Corresponding p-value	> 0.15
Data Summary	
Number of Data Points	= 15
Min Data Value	= 1
Max Data Value	= 193
Sample Mean	= 75.1
Sample Std Dev	= 49.3
Histogram Summary	
Histogram Range	= 0.999 to 193
Number of Intervals	= 5

Apêndice 7:

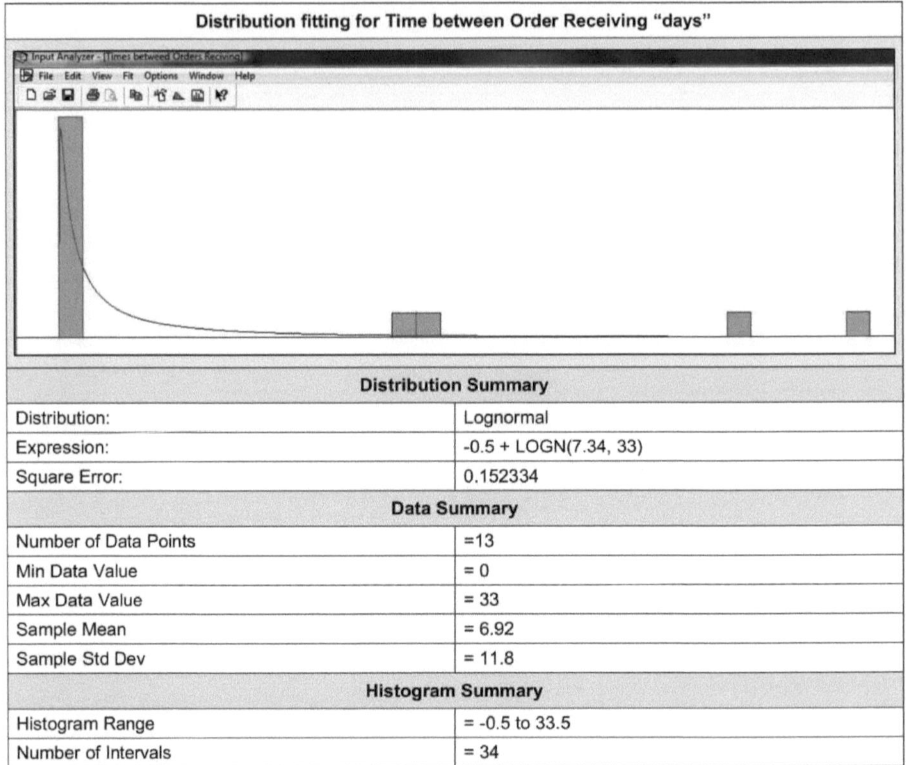

Distribution fitting for Time between Order Receiving "days"	
Distribution Summary	
Distribution:	Lognormal
Expression:	-0.5 + LOGN(7.34, 33)
Square Error:	0.152334
Data Summary	
Number of Data Points	=13
Min Data Value	= 0
Max Data Value	= 33
Sample Mean	= 6.92
Sample Std Dev	= 11.8
Histogram Summary	
Histogram Range	= -0.5 to 33.5
Number of Intervals	= 34

A Evenort recebeu 15 encomendas da Parker para 1126 peças durante o período de 4 de janeiro de 2011 a 17 de maio de 2011 (133 dias). Durante o mesmo período, a Evenort enviou à Parker encomendas de apenas 934 peças. Teoricamente, 1126 peças para 15 encomendas significa que uma encomenda equivale a 75 peças (1126 peças / 15 encomendas). Uma vez que o Evenort enviou apenas 934 peças à Parker, isso significa "teoricamente" que o Evenort recebeu 12,45 encomendas (934 peças / 75 peças/encomenda) durante o período de (133 dias). Consequentemente, o tempo entre cada encomenda durante o mesmo período pode ser considerado como 10,7 dias **(133 dias / 12,45 encomendas)**

Apêndice 8

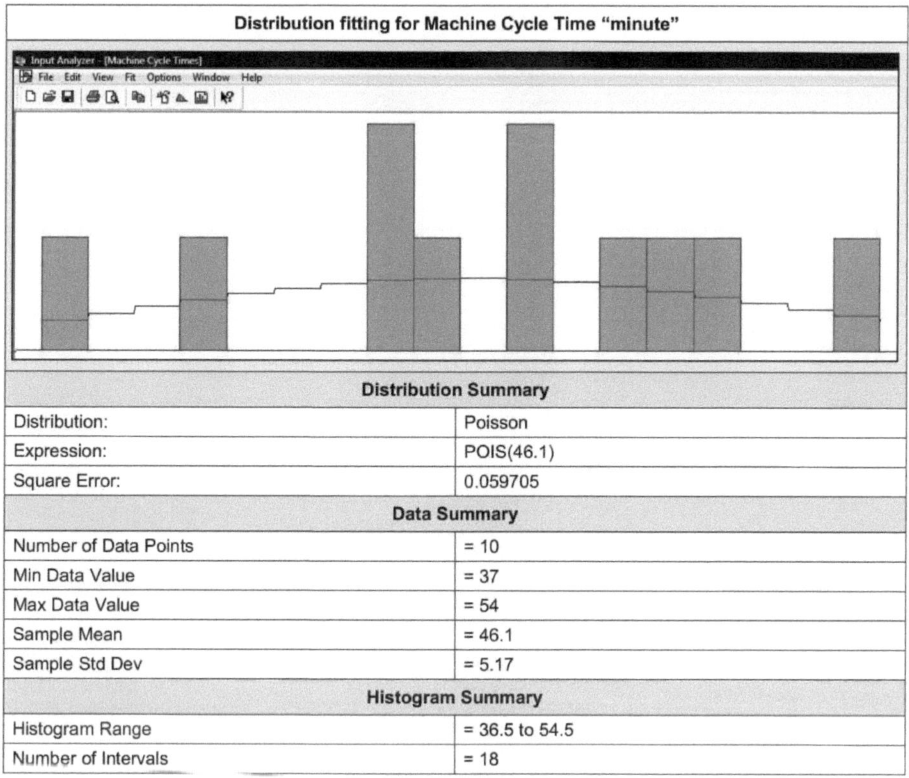

Distribution fitting for Machine Cycle Time "minute"

Distribution Summary	
Distribution:	Poisson
Expression:	POIS(46.1)
Square Error:	0.059705
Data Summary	
Number of Data Points	= 10
Min Data Value	= 37
Max Data Value	= 54
Sample Mean	= 46.1
Sample Std Dev	= 5.17
Histogram Summary	
Histogram Range	= 36.5 to 54.5
Number of Intervals	= 18

Apêndice 9

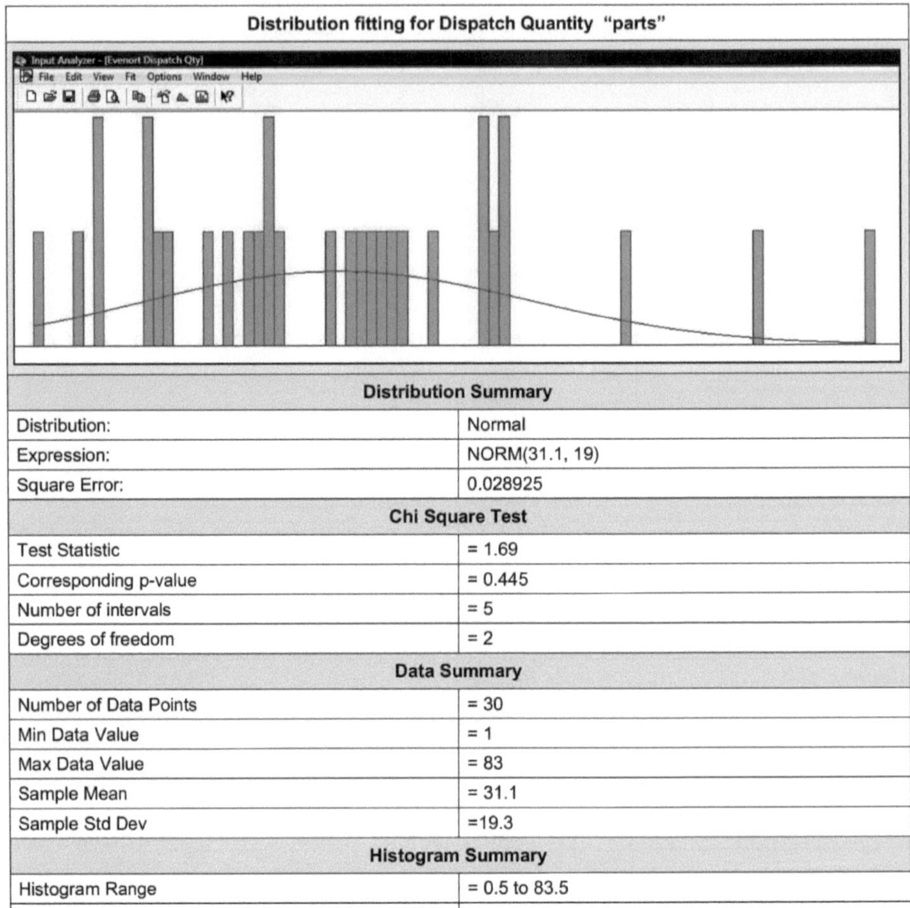

Distribution fitting for Dispatch Quantity "parts"	
Distribution Summary	
Distribution:	Normal
Expression:	NORM(31.1, 19)
Square Error:	0.028925
Chi Square Test	
Test Statistic	= 1.69
Corresponding p-value	= 0.445
Number of intervals	= 5
Degrees of freedom	= 2
Data Summary	
Number of Data Points	= 30
Min Data Value	= 1
Max Data Value	= 83
Sample Mean	= 31.1
Sample Std Dev	=19.3
Histogram Summary	
Histogram Range	= 0.5 to 83.5
Number of Intervals	= 83

Apêndice 10:

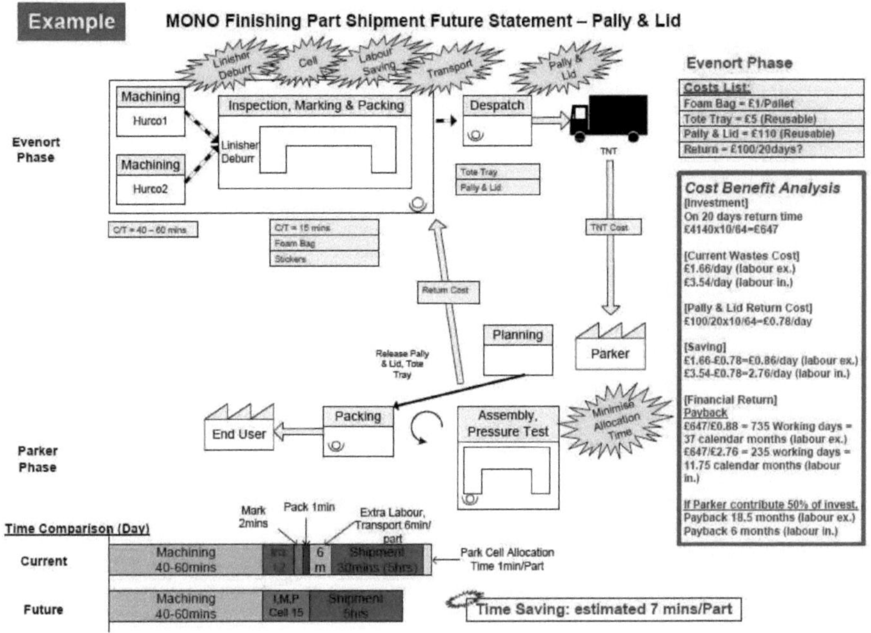
Example
MONO Finishing Part Shipment Future Statement – Pally & Lid
Linisher Deburr
Cell
Labour Saving
Transport
Pally & Lid
Evenort Phase
Machining
Hurco1
Machining
Hurco2
Inspection, Marking & Packing
Linisher Deburr
Despatch
TNT
Tote Tray
Pally & Lid
C/T = 40 – 60 mins
C/T = 15 mins
Foam Bag
Stickers
TNT Cost
Return Cost
Evenort Phase
Costs List:
Foam Bag = £1/Pallet
Tote Tray = £5 (Reusable)
Pally & Lid = £110 (Reusable)
Return = £100/20days?
Cost Benefit Analysis
[Investment]
On 20 days return time
£4140x10/64=£647
[Current Wastes Cost]
£1.66/day (labour ex.)
£3.54/day (labour in.)
[Pally & Lid Return Cost]
£100/20x10/64=£0.78/day
[Saving]
£1.66-£0.78=£0.86/day (labour ex.)
£3.54-£0.78=2.76/day (labour in.)
[Financial Return]
Payback
£647/£0.88 = 735 Working days = 37 calendar months (labour ex.)
£647/£2.76 = 235 working days = 11.75 calendar months (labour in.)
If Parker contribute 50% of invest.
Payback 18.5 months (labour ex.)
Payback 6 months (labour in.)
Planning
Parker
Release Pally & Lid, Tote Tray
Parker Phase
End User
Packing
Assembly, Pressure Test
Minimise Allocation Time
Time Comparison (Day)
Mark 2mins
Pack 1min
Extra Labour, Transport 6min/part
Current
Machining 40-60mins
6 m
Shipment 30mins (5hrs)
Park Cell Allocation Time 1min/Part
Future
Machining 40-60mins
I.M.P Cell 15
Shipment 5hrs
Time Saving: estimated 7 mins/Part

Apêndice 11:

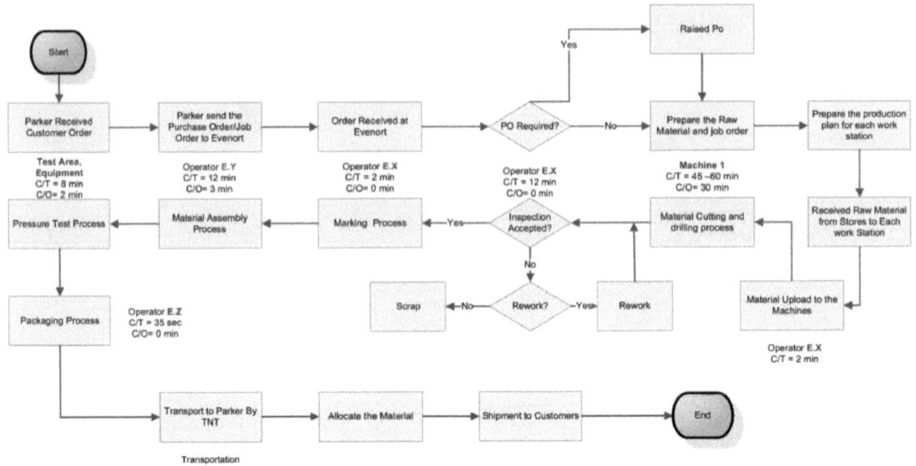
Start
Parker Received Customer Order
Parker send the Purchase Order/Job Order to Evenort
Order Received at Evenort
PO Required?
Yes
Raised Po
No
Prepare the Raw Material and job order
Prepare the production plan for each work station
Test Area, Equipment
C/T = 8 min
C/O= 2 min
Operator E.Y
C/T = 12 min
C/O= 3 min
Operator E.X
C/T = 2 min
C/O= 0 min
Operator E.X
C/T = 12 min
C/O= 0 min
Machine 1
C/T = 45 -60 min
C/O= 30 min
Pressure Test Process
Material Assembly Process
Marking Process
Yes
Inspection Accepted?
Material Cutting and drilling process
Received Raw Material from Stores to Each work Station
No
Scrap
No
Rework?
Yes
Rework
Material Upload to the Machines
Packaging Process
Operator E.Z
C/T = 35 sec
C/O= 0 min
Operator E.X
C/T = 2 min
Transport to Parker By TNT
Allocate the Material
Shipment to Customers
End
Transportation
5 Hrs

Apêndice 12

Sheffield Hallam University
ACES Department
England - Sheffield

My name is Jalal Munasser and I am a Masters student in MBA/ Industrial Management at Sheffield Hallam University, UK. As part of this degree I am undertaking a research project leading to a thesis. The project I am undertaking is "Evaluate and implement the Lean Principles within SMEs". This survey is targeted towards managers, owners, and employees working in manufacturing organisations.

The purpose of the survey is to collect information regarding lean processes in the manufacturing industry. The ultimate goal of the survey is to determine the extent that organisations have implemented or planning to implement Lean practices, apply the Lean strategy, implement the associated management system and how well they are using the lean tools and techniques on the whole lean implementation project.

The survey will be used to analyses the critical success factors for successful lean implementation. Responses collected will form the basis of my research project and will be put into a written report on an anonymous basis. Because no personal information is collected, it will not be possible for anyone to identify the respondents personally. Only grouped responses will be presented in this report. All material collected will be kept confidential and only for educational purposes. No other person besides me and my supervisor will see the responses. Moreover, Your answers are essential in building an accurate picture of the issues that are important to improving the success and sustainability of implement lean processes.

The questionnaire included 28 statements (Six Sections) covering the company general information, the extent of understanding lean and its tools, and five major areas which discussed business, Leadership, Development and training, communications, and job security. Participants will be asked to complete a questionnaire which involve answering or selecting (ticking) the most appropriate response out of the possible set of responses given. Also, Some questions range on a Likert scale from 1-5, i.e. strongly agree (1) to strongly disagree (5). Try to complete the questions at a time when you are unlikely to be disturbed. Your first thoughts are usually your best; Even if you feel the items covered may not apply directly to your working environment please do not ignore them. I hope you find completing the questionnaire enjoyable. It is envisaged that the questionnaire will take about a 15 minutes to complete and may be completed in your own time.

The thesis will be submitted for marking to the Sheffield Hallam University and deposited in the University Library. Questionnaires will be destroyed after the submission of the project.

If you have any queries or would like further information about this project, please do not hesitate to contact me at : *jalal.munasser@hotmail.com* or *b0039253@my.shu.ac.uk*

Thank you for your cooperation

Yours Faithfully,
Jalal Munasser

Sheffield Hallam University
ACES Department
England - Sheffield

Questionnaires

Respondent's Department:	....
Respondent's Position/Job Title:	....

Section 1: General Information

1. Does your company currently use Lean process improvement strategies?

A ☐	Yes	B ☐	No	C ☐	Maybe	D ☐	I am not sure

If you answered B, C, OR D, please go to question no.4

2. If your organisation start efforts to introduce lean principle, when was that?

....

3. In your opinion, how effectively is your Lean program managed?

A ☐	Very Effectively	B ☐	Effectively	C ☐	Somehow Effectively	D ☐	Not very Effectively	E ☐	Not at all Effectively

4. In your opinion, generally speaking, are there substantial inefficiencies in your plant that could be reduced?

A ☐	Yes	B ☐	No	C ☐	Maybe	D ☐	I am not sure

Section 2: Understanding of Lean Philosophy and Lean Tools

5. What do you associate with the lean philosophy (any of listed items may be selected)

1	A method to reduce headcount	
2	A toolbox of techniques (just-in-time and automation) to improve manufacturing and operations.	
3	The use of teamwork and continuous improvement	
4	The consequent elimination of non value adding tasks in order to reduce lead time	
5	A fully integrated management philosophy	
6	A way to create new work and business	
7	A system for organizing and managing product development, operations, suppliers, and customer relations.	
8	A system to reorganize the firm by product family and value stream.	
9	A system to make products with fewer defects in order to strive for perfection.	
10	A philosophy that absolutely focuses on customer value (customer first focus).	
11	Other (please describe)	

Sheffield Hallam University
ACES Department
England - Sheffield

6. Why did your company decide using lean Practices (Any of listed items may be selected)?

1	Continued pressures to improve operational performance.	
2	Maintain competitive advantage in price and service.	
3	Pressure to improve profit	
4	Customers demanding shorter order cycle (lead) times	
5	Customer demanding reduced prices	

7. Overall the expectations on using lean principles (only one response can be selected) you had were

1 ☐	Not at all fulfilled	2 ☐	Hardly fulfilled	3 ☐	Fulfilled	4 ☐	Partially fulfilled	5 ☐	Entirely fulfilled

8. Please tick the specific lean tools your organisation is using in order to become a lean enterprise only one category can be selected per response)!

#	Response	Category			
		Not used at all	Local use only	Use in the whole factory/organisation	Used on the whole value stream including customers and suppliers
1	Value Stream Mapping & Design				
2	5S (clean and safe working environment) & visual control				
3	Flow Production, Single Piece Flow				
4	Takt time & standardization				
5	SMED (Single Minute Exchange of Die – Setup time reduction)				
6	Kanban and standardized material buffers				
7	Six Sigma – Reduction of variation				
8	TPM (Total Productive Maintenance)				
9	Other (please describe)				

Section 3: Business

9. Our company needs Lean tools to compete in a global environment.

1 ☐	Strongly Agree	2 ☐	Agree	3 ☐	Neutral	4 ☐	Disagree	5 ☐	Strongly Disagree

Sheffield Hallam University
ACES Department
England - Sheffield

10. The company is working hard to reduce lead-times and eliminate waste in processes to meet business goals and objectives that benefit the company and its employees.

1 ☐	Strongly Agree	2 ☐	Agree	3 ☐	Neutral	4 ☐	Disagree	5 ☐	Strongly Disagree

11. The company rewards people who work hard to bring lean tools and culture to the area.

1 ☐	Strongly Agree	2 ☐	Agree	3 ☐	Neutral	4 ☐	Disagree	5 ☐	Strongly Disagree

12. Lean efforts help bring in new jobs due to an increase in quality and process improvements.

1 ☐	Strongly Agree	2 ☐	Agree	3 ☐	Neutral	4 ☐	Disagree	5 ☐	Strongly Disagree

Section 4: Leadership

13. I would use Lean tools if I had my own business.

1 ☐	Strongly Agree	2 ☐	Agree	3 ☐	Neutral	4 ☐	Disagree	5 ☐	Strongly Disagree

14. Lean is used to better a company not to just make charts and graphs.

1 ☐	Strongly Agree	2 ☐	Agree	3 ☐	Neutral	4 ☐	Disagree	5 ☐	Strongly Disagree

15. Management is committed to Lean throughout the year and not just compliant prior to an audit.

1 ☐	Strongly Agree	2 ☐	Agree	3 ☐	Neutral	4 ☐	Disagree	5 ☐	Strongly Disagree

16. Management follows through with open issues relative to improvement events until they are complete.

1 ☐	Strongly Agree	2 ☐	Agree	3 ☐	Neutral	4 ☐	Disagree	5 ☐	Strongly Disagree

Section 5: Development and Training

17. People leading improvement initiatives have the proper amount of training to effectively produce desired results.

1 ☐	Strongly Agree	2 ☐	Agree	3 ☐	Neutral	4 ☐	Disagree	5 ☐	Strongly Disagree

18. My knowledge of Lean tools allows me to apply them at work.

1 ☐	Strongly Agree	2 ☐	Agree	3 ☐	Neutral	4 ☐	Disagree	5 ☐	Strongly Disagree

19. The company provides me adequate training to be productive during improvement events.

1 ☐	Strongly Agree	2 ☐	Agree	3 ☐	Neutral	4 ☐	Disagree	5 ☐	Strongly Disagree

Sheffield Hallam University
ACES Department
England - Sheffield

20. Lean training is provided in a clear concise manner with many practical examples on how to best use the tools.

1 ☐	Strongly Agree	2 ☐	Agree	3 ☐	Neutral	4 ☐	Disagree	5 ☐	Strongly Disagree

Section 6: Communications

21. We have timely and effective communication from all levels of management.

1 ☐	Strongly Agree	2 ☐	Agree	3 ☐	Neutral	4 ☐	Disagree	5 ☐	Strongly Disagree

22. The Company values my ideas relative to continuous improvement.

1 ☐	Strongly Agree	2 ☐	Agree	3 ☐	Neutral	4 ☐	Disagree	5 ☐	Strongly Disagree

23. The company has shown me that has saved jobs and created new opportunities into the future.

1 ☐	Strongly Agree	2 ☐	Agree	3 ☐	Neutral	4 ☐	Disagree	5 ☐	Strongly Disagree

24. The company works hard at sharing best practices through out all its divisions.

1 ☐	Strongly Agree	2 ☐	Agree	3 ☐	Neutral	4 ☐	Disagree	5 ☐	Strongly Disagree

Section 7: Job security

25. Lean has increased our job security.

1 ☐	Strongly Agree	2 ☐	Agree	3 ☐	Neutral	4 ☐	Disagree	5 ☐	Strongly Disagree

26. Utilizing Lean tools such as Lean manufacturing and kaizen, the company will focus on keeping local jobs.

1 ☐	Strongly Agree	2 ☐	Agree	3 ☐	Neutral	4 ☐	Disagree	5 ☐	Strongly Disagree

27. In anticipation of retirements over the next few years, the company will work hard utilizing the skill sets of experienced employees to train new hires.

1 ☐	Strongly Agree	2 ☐	Agree	3 ☐	Neutral	4 ☐	Disagree	5 ☐	Strongly Disagree

28. The company believes their most valuable assets are their employees and will do everything possible to reduce and or eliminate layoffs in the future.

1 ☐	Strongly Agree	2 ☐	Agree	3 ☐	Neutral	4 ☐	Disagree	5 ☐	Strongly Disagree

Apêndice 13

Data Collecting for the Question Number 9 to Question number 28 to use in SPSS Software.

Respondents	Q9	Q10	Q11	Q12	Q13	Q14	Q15	Q16	Q17	Q18	Q19	Q20	Q21	Q22	Q23	Q24	Q25	Q26	Q27	Q28
1	1	2	2	2	2	2	2	2	2	3	2	2	3	2	3	2	3	3	2	3
2	2	3	4	3	3	3	3	3	3	3	3	2	2	2	2	3	3	4	2	3
3	1	1	3	2	2	1	1	1	2	2	2	2	2	2	2	2	2	2	2	2
4	3	2	3	2	1	1	1	2	1	3	1	3	2	2	2	2	3	2	1	1
5	1	2	3	2	1	1	1	1	2	1	2	3	3	2	2	2	2	2	2	2
6	3	2	4	4	4	3	3	3	3	3	2	4	3	3	3	3	4	4	3	3
7	1	2	3	2	2	2	2	2	2	2	2	2	2	3	3	2	3	2	2	2
8	2	2	4	2	2	2	2	2	2	2	2	2	3	3	3	3	3	2	2	2
9	2	2	3	3	2	2	2	2	2	2	3	2	3	3	3	3	3	2	3	3
10	3	2	3	4	2	2	2	3	4	3	4	4	4	3	3	3	2	3	2	4
11	2	3	5	4	2	2	3	4	3	3	3	4	4	3	3	4	4	3	2	3
12	4	5	5	3	5	4	3	5	5	4	5	5	5	5	5	5	4	4	4	4
13	1	1	2	2	1	1	1	2	2	2	2	2	2	2	3	2	3	2	2	2
14	3	3	3	3	2	2	2	2	2	3	3	3	4	4	3	4	3	3	3	2
15	1	2	3	2	1	1	1	1	2	1	2	3	3	1	2	2	2	2	2	2

Apêndice 14

ARENA Simulation Results
hadeel - License:

Summary for Replication 1 of 1

Project: Current Status at Evenort
Analyst: Jalal S.A. Munasser
Replication ended at time: 3192.0 Hours

Run execution date : 9/233/2011
Model revision date: 9/23/2011
Base Time Units: Hours

TALLY VARIABLES

Identifier	Average	Half Width	Minimum	Maximum	Observations
Entity 1.VATime	1.4267	(Corr)	.35977	129.32	921
Entity 1.NVATime	.00000	.00000	.00000	.00000	921
Entity 1.WaitTime	9.2407	1.6638	.00000	44.316	921
Entity 1.TranTime	.00000	.00000	.00000	.00000	921
Entity 1.OtherTime	.07293	.03114	.00000	5.1666	921
Entity 1.TotalTime	10.740	1.7542	.36055	165.39	921
Loading Process.Queue.WaitingTime	.00000	.00000	.00000	.00000	921
Inspection Process.Queue.WaitingTime	.00000	.00000	.00000	.00000	921
Seize 1.Queue.WaitingTime	.00000	(Insuf)	.00000	.00000	13
Assemply Process.Queue.WaitingTime	9.0150	1.6858	.00000	26.433	921
Marking Process.Queue.WaitingTime	.00000	(Insuf)	.00000	.00000	13
Seize 2.Queue.WaitingTime	.00000	(Insuf)	.00000	.00000	13
Clean and Pack Process.Queue.WaitingTime	.00000	.00000	.00000	.00000	921
Despatch.HOLD.Queue.WaitingTime	15.987	(Insuf)	4.4706	23.299	13
Packaging Process.Queue.WaitingTime	.00000	(Insuf)	.00000	.00000	13

DISCRETE-CHANGE VARIABLES

Identifier	Average	Half Width	Minimum	Maximum	Final Value
Entity 1.WIP	3.0989	1.4703	.00000	123.00	.00000
Res_parkerOP1.NumberBusy	.06252	(Insuf)	.00000	1.0000	.00000
Res_parkerOP1.NumberScheduled	1.0000	(Insuf)	1.0000	1.0000	1.0000
Res_parkerOP1.Utilization	.06252	(Insuf)	.00000	1.0000	.00000
Res_parkerOP2.NumberBusy	.00281	(Corr)	.00000	1.0000	.00000
Res_parkerOP2.NumberScheduled	1.0000	(Insuf)	1.0000	1.0000	1.0000
Res_parkerOP2.Utilization	.00281	(Corr)	.00000	1.0000	.00000
Res_Mach1.NumberBusy	.28864	(Insuf)	.00000	1.0000	.00000
Res_Mach1.NumberScheduled	1.0000	(Insuf)	1.0000	1.0000	1.0000
Res_Mach1.Utilization	.28864	(Insuf)	.00000	1.0000	.00000
Res_Eve_Pack_Opt1.NumberBusy	.00483	(Insuf)	.00000	1.0000	.00000
Res_Eve_Pack_Opt1.NumberScheduled	1.0000	(Insuf)	1.0000	1.0000	1.0000
Res_Eve_Pack_Opt1.Utilization	.00483	(Insuf)	.00000	1.0000	.00000
Res_Eve_Opt1.NumberBusy	.06732	(Corr)	.00000	1.0000	.00000
Res_Eve_Opt1.NumberScheduled	1.0000	(Insuf)	1.0000	1.0000	1.0000
Res_Eve_Opt1.Utilization	.06732	(Corr)	.00000	1.0000	.00000
Res_TestArea.NumberBusy	.06317	(Insuf)	.00000	1.0000	.00000
Res_TestArea.NumberScheduled	1.0000	(Insuf)	1.0000	1.0000	1.0000
Res_TestArea.Utilization	.06317	(Insuf)	.00000	1.0000	.00000
Res_Eve_Mark_Opt1.NumberBusy	.00966	(Insuf)	.00000	1.0000	.00000
Res_Eve_Mark_Opt1.NumberScheduled	1.0000	(Insuf)	1.0000	1.0000	1.0000
Res_Eve_Mark_Opt1.Utilization	.00966	(Insuf)	.00000	1.0000	.00000
Loading Process.Queue.NumberInQueue	.00000	(Insuf)	.00000	.00000	.00000
Inspection Process.Queue.NumberInQueue	.00000	(Insuf)	.00000	.00000	.00000
Seize 1.Queue.NumberInQueue	.00000	(Insuf)	.00000	.00000	.00000
Assemply Process.Queue.NumberInQueue	2.6011	(Corr)	.00000	122.00	.00000
Marking Process.Queue.NumberInQueue	.00000	(Insuf)	.00000	.00000	.00000
Seize 2.Queue.NumberInQueue	.00000	(Insuf)	.00000	.00000	.00000
Clean and Pack Process.Queue.NumberInQueue	.00000	(Insuf)	.00000	.00000	.00000
Despatch.HOLD.Queue.NumberInQueue	.06511	(Insuf)	.00000	1.0000	.00000
Packaging Process.Queue.NumberInQueue	.00000	(Insuf)	.00000	.00000	.00000

OUTPUTS

Identifier	Value
Entity 1.NumberIn	1054.0
Entity 1.NumberOut	1054.0
Res_parkerOP1.NumberSeized	921.00
Res_parkerOP1.ScheduledUtilization	.06252
Res_parkerOP2.NumberSeized	921.00
Res_parkerOP2.ScheduledUtilization	.00281
Res_Mach1.NumberSeized	13.000
Res_Mach1.ScheduledUtilization	.28864
Res_Eve_Pack_Opt1.NumberSeized	13.000
Res_Eve_Pack_Opt1.ScheduledUtilization	.00483
Res_Eve_Opt1.NumberSeized	1842.0
Res_Eve_Opt1.ScheduledUtilization	.06732
Res_TestArea.NumberSeized	13.000
Res_TestArea.ScheduledUtilization	.06317
Res_Eve_Mark_Opt1.NumberSeized	13.000
Res_Eve_Mark_Opt1.ScheduledUtilization	.00966
System.NumberOut	921.00

Simulation run time: 0.28 minutes.
Simulation run complete.

Apêndice 15

SIMAN Run Controller.

0.0 Hours>SIMAN Run Controller.

13.056649 Hours>

ARENA Simulation Results
hadeel - License:

Summary for Replication 1 of 1

Project: Future Status at Evenort with Transportation (Scenario 1)
Analyst: Jalal S.A. Munasser
Replication ended at time: 3192.0 Hours

Run execution date : 9/233/2011
Model revision date: 9/23/2011
Base Time Units: Hours

TALLY VARIABLES

Identifier	Average	Half Width	Minimum	Maximum	Observations
Entity 1.VATime	1.4080	.00675	1.0685	1.7466	921
Entity 1.NVATime	.00000	.00000	.00000	.00000	921
Entity 1.WaitTime	35.932	4.5069	.31436	84.497	921
Entity 1.TranTime	.00000	.00000	.00000	.00000	921
Entity 1.OtherTime	5.0250	(Corr)	5.0250	5.0250	921
Entity 1.TotalTime	42.365	4.5074	6.6000	90.600	921
Loading Process.Queue.WaitingTime	.02465	.00319	.00000	.20000	921
Inspection Process.Queue.WaitingTime	.03172	.00514	.00000	.20000	921
Seize 1.Queue.WaitingTime	23.621	4.4843	.00000	70.566	921
Assemply Process.Queue.WaitingTime	.00000	.00000	.00000	.00000	921
Marking Process.Queue.WaitingTime	.06754	.00985	.00000	.20000	921
Seize 2.Queue.WaitingTime	.11732	.01427	.00000	.37622	921
Clean and Pack Process.Queue.WaitingTime	.00000	.00000	.00000	.00000	921
Despatch.HOLD.Queue.WaitingTime	12.069	(Corr)	.02331	23.994	921

DISCRETE-CHANGE VARIABLES

Identifier	Average	Half Width	Minimum	Maximum	Final Value
Entity 1.WIP	12.223	(Insuf)	.00000	124.00	.00000
Res_parkerOP1.NumberBusy	.06252	(Corr)	.00000	1.0000	.00000
Res_parkerOP1.NumberScheduled	1.0000	(Insuf)	1.0000	1.0000	1.0000
Res_parkerOP1.Utilization	.06252	(Corr)	.00000	1.0000	.00000
Res_parkerOP2.NumberBusy	.00281	(Corr)	.00000	1.0000	.00000
Res_parkerOP2.NumberScheduled	1.0000	(Insuf)	1.0000	1.0000	1.0000
Res_parkerOP2.Utilization	.00281	(Corr)	.00000	1.0000	.00000
Res_parkerOP3.NumberBusy	.00000	(Insuf)	.00000	.00000	.00000
Res_parkerOP3.NumberScheduled	1.0000	(Insuf)	1.0000	1.0000	1.0000
Res_parkerOP3.Utilization	.00000	(Insuf)	.00000	.00000	.00000
Res_Mach1.NumberBusy	.33342	(Insuf)	.00000	2.0000	.00000
Res_Mach1.NumberScheduled	2.0000	(Insuf)	2.0000	2.0000	2.0000
Res_Mach1.Utilization	.16671	(Insuf)	.00000	1.0000	.00000
Res_Mach2.NumberBusy	.00000	(Insuf)	.00000	.00000	.00000
Res_Mach2.NumberScheduled	1.0000	(Insuf)	1.0000	1.0000	1.0000
Res_Mach2.Utilization	.00000	(Insuf)	.00000	.00000	.00000
Res_op1.NumberBusy	.00000	(Insuf)	.00000	.00000	.00000
Res_op1.NumberScheduled	1.0000	(Insuf)	1.0000	1.0000	1.0000
Res_op1.Utilization	.00000	(Insuf)	.00000	.00000	.00000
Res_Eve_Opt1.NumberBusy	.07694	(Corr)	.00000	1.0000	.00000
Res_Eve_Opt1.NumberScheduled	1.0000	(Insuf)	1.0000	1.0000	1.0000
Res_Eve_Opt1.Utilization	.07694	(Corr)	.00000	1.0000	.00000
Res_TestArea.NumberBusy	.11340	(Corr)	.00000	1.0000	.00000
Res_TestArea.NumberScheduled	1.0000	(Insuf)	1.0000	1.0000	1.0000
Res_TestArea.Utilization	.11340	(Corr)	.00000	1.0000	.00000
Loading Process.Queue.NumberInQueue	.00711	(Corr)	.00000	1.0000	.00000
Inspection Process.Queue.NumberInQueue	.00915	(Corr)	.00000	1.0000	.00000
Seize 1.Queue.NumberInQueue	6.8155	(Corr)	.00000	121.00	.00000
Assemply Process.Queue.NumberInQueue	.00000	(Insuf)	.00000	.00000	.00000
Marking Process.Queue.NumberInQueue	.01949	(Corr)	.00000	1.0000	.00000
Seize 2.Queue.NumberInQueue	.03385	(Corr)	.00000	1.0000	.00000
Clean and Pack Process.Queue.NumberInQueue	.00000	(Insuf)	.00000	.00000	.00000
Despatch.HOLD.Queue.NumberInQueue	3.4825	(Corr)	.00000	44.000	.00000

OUTPUTS

Identifier	Value
Entity 1.NumberIn	1054.0
Entity 1.NumberOut	1054.0
Res_parkerOP1.NumberSeized	921.00
Res_parkerOP1.ScheduledUtilization	.06252
Res_parkerOP2.NumberSeized	921.00
Res_parkerOP2.ScheduledUtilization	.00281
Res_parkerOP3.NumberSeized	.00000
Res_parkerOP3.ScheduledUtilization	.00000
Res_Mach1.NumberSeized	921.00
Res_Mach1.ScheduledUtilization	.16671
Res_Mach2.NumberSeized	.00000
Res_Mach2.ScheduledUtilization	.00000
Res_op1.NumberSeized	.00000
Res_op1.ScheduledUtilization	.00000
Res_Eve_Opt1.NumberSeized	2763.0
Res_Eve_Opt1.ScheduledUtilization	.07694
Res_TestArea.NumberSeized	921.00
Res_TestArea.ScheduledUtilization	.11340
System.NumberOut	921.00

```
Simulation run time: 0.08 minutes.
Simulation run complete.
```

Apêndice 16

SIMAN Run Controller.

0.0 Hours>

ARENA Simulation Results
hadeel - License:

Summary for Replication 1 of 1

Project: Future Status at Evenort without Transportation (Scenario 2)
Analyst: Jalal S.A. Munasser
Replication ended at time: 3192.0 Hours

Run execution date : 9/233/2011
Model revision date: 9/23/2011
Base Time Units: Hours

TALLY VARIABLES

Identifier	Average	Half Width	Minimum	Maximum	Observations
Entity 1.VATime	1.4080	.00673	1.0685	1.7466	921
Entity 1.NVATime	.00000	.00000	.00000	.00000	921
Entity 1.WaitTime	23.861	4.4929	.00000	70.566	921
Entity 1.TranTime	.00000	.00000	.00000	.00000	921
Entity 1.OtherTime	.02500	(Corr)	.02500	.02500	921
Entity 1.TotalTime	25.294	4.4931	1.1414	72.004	921
Loading Process.Queue.WaitingTime	.02479	.00322	.00000	.20000	921
Inspection Process.Queue.WaitingTime	.03172	.00515	.00000	.20000	921
Seize 1.Queue.WaitingTime	23.620	4.4844	.00000	70.566	921
Assemply Process.Queue.WaitingTime	.00000	.00000	.00000	.00000	921
Marking Process.Queue.WaitingTime	.06732	.00989	.00000	.20000	921
Seize 2.Queue.WaitingTime	.11668	.01442	.00000	.37622	921
Clean and Pack Process.Queue.WaitingTime	.00000	.00000	.00000	.00000	921

DISCRETE-CHANGE VARIABLES

Identifier	Average	Half Width	Minimum	Maximum	Final Value
Entity 1.WIP	7.2983	(Corr)	.00000	123.00	.00000
Res_parkerOP1.NumberBusy	.06252	(Corr)	.00000	1.0000	.00000
Res_parkerOP1.NumberScheduled	1.0000	(Insuf)	1.0000	1.0000	1.0000
Res_parkerOP1.Utilization	.06252	(Corr)	.00000	1.0000	.00000
Res_parkerOP2.NumberBusy	.00281	(Corr)	.00000	1.0000	.00000
Res_parkerOP2.NumberScheduled	1.0000	(Insuf)	1.0000	1.0000	1.0000
Res_parkerOP2.Utilization	.00281	(Corr)	.00000	1.0000	.00000
Res_parkerOP3.NumberBusy	.00000	(Insuf)	.00000	.00000	.00000
Res_parkerOP3.NumberScheduled	1.0000	(Insuf)	1.0000	1.0000	1.0000
Res_parkerOP3.Utilization	.00000	(Insuf)	.00000	.00000	.00000
Res_Mach1.NumberBusy	.33341	(Insuf)	.00000	2.0000	.00000
Res_Mach1.NumberScheduled	2.0000	(Insuf)	2.0000	2.0000	2.0000
Res_Mach1.Utilization	.16671	(Insuf)	.00000	1.0000	.00000
Res_Mach2.NumberBusy	.00000	(Insuf)	.00000	.00000	.00000
Res_Mach2.NumberScheduled	1.0000	(Insuf)	1.0000	1.0000	1.0000
Res_Mach2.Utilization	.00000	(Insuf)	.00000	.00000	.00000
Res_op1.NumberBusy	.00000	(Insuf)	.00000	.00000	.00000
Res_op1.NumberScheduled	1.0000	(Insuf)	1.0000	1.0000	1.0000
Res_op1.Utilization	.00000	(Insuf)	.00000	.00000	.00000
Res_Eve_Opt1.NumberBusy	.07694	(Corr)	.00000	1.0000	.00000
Res_Eve_Opt1.NumberScheduled	1.0000	(Insuf)	1.0000	1.0000	1.0000
Res_Eve_Opt1.Utilization	.07694	(Corr)	.00000	1.0000	.00000
Res_TestArea.NumberBusy	.11340	(Corr)	.00000	1.0000	.00000
Res_TestArea.NumberScheduled	1.0000	(Insuf)	1.0000	1.0000	1.0000
Res_TestArea.Utilization	.11340	(Corr)	.00000	1.0000	.00000
Loading Process.Queue.NumberInQueue	.00715	(Corr)	.00000	1.0000	.00000
Inspection Process.Queue.NumberInQueue	.00915	(Corr)	.00000	1.0000	.00000
Seize 1.Queue.NumberInQueue	6.8154	(Corr)	.00000	121.00	.00000
Assemply Process.Queue.NumberInQueue	.00000	(Insuf)	.00000	.00000	.00000
Marking Process.Queue.NumberInQueue	.01942	(Corr)	.00000	1.0000	.00000
Seize 2.Queue.NumberInQueue	.03367	(Corr)	.00000	1.0000	.00000
Clean and Pack Process.Queue.NumberInQueue	.00000	(Insuf)	.00000	.00000	.00000

OUTPUTS

Identifier	Value
Entity 1.NumberIn	921.00
Entity 1.NumberOut	921.00
Res_parkerOP1.NumberSeized	921.00
Res_parkerOP1.ScheduledUtilization	.06252
Res_parkerOP2.NumberSeized	921.00
Res_parkerOP2.ScheduledUtilization	.00281
Res_parkerOP3.NumberSeized	.00000
Res_parkerOP3.ScheduledUtilization	.00000
Res_Mach1.NumberSeized	921.00
Res_Mach1.ScheduledUtilization	.16671
Res_Mach2.NumberSeized	.00000
Res_Mach2.ScheduledUtilization	.00000
Res_op1.NumberSeized	.00000
Res_op1.ScheduledUtilization	.00000
Res_Eve_Opt1.NumberSeized	2763.0
Res_Eve_Opt1.ScheduledUtilization	.07694
Res_TestArea.NumberSeized	921.00
Res_TestArea.ScheduledUtilization	.11340
System.NumberOut	921.00

Simulation run time: 0.08 minutes.
Simulation run complete.

Apêndice 17

	1	2	3	4	5	6	7	8	9	10	11	12	13	14	15	# Respondent	Per Cent
Q1	**Does your company currently use Lean process improvement strategies?**																
Yes	1	1	1	1	1	1	1	1	1	1			1	1	1	13	**86.7%**
No																0	**0.0%**
Maybe											1	1				2	**13.3%**
Not Sure																0	**0.0%**
Q2	**If your organisation start efforts to introduce lean principle, when was that?**																
	2 Years	2 Years	2 Years	2 Years	2 Years					Don't Know			1 year	Few Months	2 Years	2 Years	
Q3	**In your opinion, how effectively is your Lean program managed?**																
Very Effectively			1													1	**6.7%**
Effectively	1	1		1			1						1			5	**33.3%**
Somehow Effectively					1				1	1	1			1	1	6	**40.0%**
Not very Effectively						1		1				1				3	**20.0%**
Not at all Effectively																0	**0.0%**
Q4	**In your opinion, generally speaking, are there substantial inefficiencies in your plant that could be reduced?**																
Yes	1	1		1	1					1	1	1	1		1	9	**60.0%**
No							1	1								2	**13.3%**
Mybe			1			1			1					1		4	**26.7%**
Not Sure																0	**0.0%**
Q5	**What do you associate with the lean philosophy (any of listed items may be selected)**																
A method to reduce headcount					1					1					1	3	**20.0%**
A toolbox of techniques (just-in-time and automation) to improve manufacturing and operations.	1	1	1	1	1		1	1		1	1	1	1	1	1	13	**86.7%**
The use of teamwork and continuous improvement	1	1	1		1	1	1	1	1	1	1	1	1	1	1	14	**93.3%**
The consequent elimination of non value adding tasks in order to reduce lead time		1	1	1	1	1	1	1	1	1	1	1	1		1	13	**86.7%**
A fully integrated management philosophy	1		1		1	1					1		1		1	7	**46.7%**
A way to create new work and business			1		1	1	1	1				1		1	1	8	**53.3%**
A system for organizing and managing product development, operations, suppliers, and customer relations.		1	1	1	1	1	1	1	1		1	1	1		1	12	**80.0%**
A system to reorganize the firm by product family and value stream.			1		1	1		1	1		1	1	1		1	9	**60.0%**
A system to make products with fewer defects in order to strive for perfection.	1	1	1	1	1	1	1	1		1	1	1	1	1	1	14	**93.3%**
A philosophy that absolutely focuses on customer value (customer first focus).	1		1		1	1						1			1	6	**40.0%**
Others																0	**0.0%**

Apêndice 18

	1	2	3	4	5	6	7	8	9	10	11	12	13	14	15	# Respondent	Per Cent
Q6	**Why did your company decide using lean Practices (Any of listed items may be selected)?**																
Continued pressures to improve operational performance.	1	1	1		1				1	1		1	1	1	1	10	66.7%
Maintain competitive advantage in price and service.	1	1	1	1	1		1	1	1	1		1	1	1	1	13	86.7%
Pressure to improve profit			1		1						1				1	4	26.7%
Customers demanding shorter order cycle (lead) times	1	1	1	1	1				1	1		1	1		1	10	66.7%
Customer demanding reduced prices		1			1							1			1	4	26.7%
Q7	**Overall the expectations on using lean principles (only one response can be selected) you had were**																
Not at all fulfilled												1				1	6.7%
Hardly fulfilled	1										1					2	13.3%
Fulfilled			1				1	1								3	20.0%
Partially fulfilled		1			1	1			1	1			1	1	1	8	53.3%
Entirely fulfilled				1												1	6.7%

Q8 Please tick the specific lean tools your organisation is using in order to become a lean enterprise only one category can be selected per response)!		1 Not Used at all		2 Local use only		3 Use in the whole factory/orginsation		4 Used on the whole value stream including customers and suppliers		Over all respondent
		#	%	#	%	#	%	#	%	%
1	Value Stream Mapping & Design	3	20.00%	3	20.00%	7	46.67%	1	6.67%	93.33%
2	5S (clean and safe working environment) & visual control	2	13.33%	4	26.67%	8	53.33%	0	0.00%	93.33%
3	Flow Production, Single Piece Flow	2	13.33%	1	6.67%	5	33.33%	1	6.67%	60.00%
4	Takt time & standardization	3	20.00%	4	26.67%	6	40.00%	0	0.00%	86.67%
5	SMED (Single Minute Exchange of Die – Setup time reduction)	3	20.00%	3	20.00%	3	20.00%	0	0.00%	60.00%
6	Kanban and standardized material buffers	3	20.00%	0	0.00%	6	40.00%	1	6.67%	66.67%
7	Six Sigma – Reduction of variation	2	13.33%	5	33.33%	6	40.00%	0	0.00%	86.67%
8	TPM (Total Productive Maintenance)	3	20.00%	3	20.00%	6	40.00%	0	0.00%	80.00%
9	Other (please describe)	0	0.00%	0	0.00%	0	0.00%	0	0.00%	0.00%

Printed by Books on Demand GmbH, Norderstedt / Germany